Auf den Tisch: Eine kurze Geschichte der Lebensmittelsicherheit

Dr. Jean-Charles Gander

Inhalt

Einführung   5

Kapitel 1: Die Ursprünge der Lebensmittelregulierung
    9

Kapitel 2: Das Zeitalter der wissenschaftlichen Entdeckungen   35

Kapitel 3: Die Lebensmittelkrisen des 20. Jahrhunderts
    51

Kapitel 4: Das moderne Zeitalter der Lebensmittelsicherheit   75

Kapitel 5: Aktuelle und zukünftige Herausforderungen
    95

Kapitel 6: Die Herausforderungen der Ernährungssicherheit für Entwicklungsländer   103

Kapitel 7: Der Verbraucher als Akteur   109

Kapitel 8: Lebensmittelallergien, das Übel des 21. Jahrhunderts   113

Epilog: **121**

Einführung

"Auf den Tisch: Eine Geschichte der Lebensmittelsicherheit" ist ein Buch von Dr. Jean-Charles Gander, einem Experten für Lebensmittelsicherheit und Qualitätschef der Migros-Gruppe. Es taucht ein in die Geschichte der Lebensmittelsicherheit, von den ersten Lebensmittelvorschriften bis hin zu den modernen Standards, die heute gelten. Dr. Gander nutzt seine umfassenden Kenntnisse zum Thema, um zu erforschen, wie Gesellschaften im Laufe der Jahrhunderte auf Bedenken hinsichtlich der Lebensmittelsicherheit reagiert haben und wie wissenschaftliche Fortschritte und moderne Technologien zur Verbesserung der Lebensmittelsicherheit beigetragen haben. Er beschreibt auch, wie wirtschaftliche Interessen, religiöse Überzeugungen und gesundheitliche Bedenken die Lebensmittelvorschriften im Laufe der Zeit beeinflusst haben. Dieses Buch bietet eine umfassende Perspektive auf die Herausforderungen und Siege der Lebensmittelsicherheit sowie auf die Herausforderungen, die in einer sich ständig verändernden Welt zu bewältigen sind. Es ist für alle geschrieben, die sich für Lebensmittelgeschichte und -politik interessieren, für Studenten der Ernährungswissenschaften, für Fachleute aus den Bereichen Landwirtschaft und Lebensmittelsicherheit und für alle, die verstehen wollen, was mit dem, was auf ihrem Tisch steht, auf dem Spiel steht.

Kapitel 1: Die Ursprünge der Lebensmittelregulierung: Wie die frühen Gesellschaften begannen, Lebensmittelpraktiken zu regulieren, um die Verbraucher vor verdorbenen oder betrügerischen Produkten zu schützen.

Kapitel 2: Das Zeitalter der wissenschaftlichen Entdeckungen: Wie die Fortschritte in Medizin und Chemie im 19. Jahrhundert dazu beitrugen, ernährungsbedingte Krankheiten zu verstehen und Methoden zu entwickeln, um ihre Ausbreitung zu verhindern.

Kapitel 3: Die Lebensmittelkrisen des 20. Jahrhunderts: Wie Ausbrüche von Krankheiten wie Denguefieber und Rinderwahnsinn die Schwachstellen der Lebensmittelsysteme aufzeigten und zur Einführung strengerer Standards führten.

Kapitel 4: Das moderne Zeitalter der Lebensmittelsicherheit: Wie Informations- und Kommunikationstechnologien, Rückverfolgbarkeitssysteme und internationale Vorschriften in den letzten Jahrzehnten zur Verbesserung der Lebensmittelsicherheit eingesetzt wurden.

Kapitel 5: Aktuelle und zukünftige Herausforderungen: Wie die Bedenken hinsichtlich des Klimawandels, des Bevölkerungswachstums und der Globalisierung weiterhin Herausforderungen für die Gewährleistung der Lebensmittelsicherheit darstellen und welche Anstrengungen unternommen werden, um diese Herausforderungen zu bewältigen.

Kapitel 6: Herausforderungen für die Ernährungssicherheit in Entwicklungsländern: Wie Faktoren wie Armut, unzureichende Infrastruktur, schwache Regulierung und extreme Wetterbedingungen es schwieriger machen, die Ernährungssicherheit in Entwicklungsländern zu erreichen. Außerdem werden Beispiele für Programme und Initiativen zur Verbesserung der Ernährungssicherheit in diesen Regionen sowie die besonderen Herausforderungen für lokale Landwirte und Produzenten vorgestellt.

Kapitel 7: Der Verbraucher als Akteur: Die Verbraucher spielen eine wichtige Rolle bei der Lebensmittelsicherheit, indem sie entscheiden, welche Lebensmittel sie kaufen, und indem sie potenzielle Probleme den Regulierungsbehörden melden.

Kapitel 8: Lebensmittelallergien, die Krankheit des 21. Jahrhunderts: Lebensmittelallergien haben in den letzten Jahrzehnten erheblich zugenommen und sind in vielen Ländern zu einem wichtigen Problem der öffentlichen Gesundheit geworden.

Epilog: Überlegungen zu den Lehren aus der Geschichte und zur Bedeutung weiterer Investitionen in die Lebensmittelsicherheit, um die Gesundheit aller Verbraucher zu schützen.

Kapitel 1: Die Ursprünge der Lebensmittelregulierung

Die Geschichte der Lebensmittelregulierung reicht Jahrtausende zurück, als die ersten menschlichen Gesellschaften damit begannen, Lebensmittel für Hungerzeiten zu lagern. Diese frühen Formen der Lebensmittelregulierung zielten darauf ab, die gelagerten Lebensmittel vor Verunreinigungen und Nagetieren zu schützen und sie für eine spätere Verwendung aufzubewahren.

Methoden zur Haltbarmachung von Lebensmitteln wie Fermentieren, Salzen und Trocknen werden seit Jahrtausenden eingesetzt, um zu verhindern, dass Lebensmittel verderben und ungenießbar werden. Bei der Fermentation werden Bakterien und Hefepilze eingesetzt, um den Zucker in Lebensmitteln in Säuren, Alkohol oder Gase umzuwandeln, wodurch das Wachstum von krankheitserregenden Bakterien gehemmt wird. Beim Pökeln wird Salz verwendet, um den Lebensmitteln Wasser zu entziehen und das Wachstum von Bakterien zu hemmen. Beim Trocknen wird den Lebensmitteln das Wasser entzogen, indem sie trockener Luft ausgesetzt werden, wodurch das Wachstum von Bakterien und Schimmelpilzen gehemmt wird. Diese Methoden ermöglichen es den frühen menschlichen Gesellschaften, Lebensmittel für

Hungerperioden oder für Jahreszeiten, in denen frische Lebensmittel knapp waren, zu lagern und so ihre Ernährungssicherheit zu erhöhen.

Sie entwickelten auch Methoden, um die gelagerten Lebensmittel vor Verunreinigungen zu schützen, wie z. B. die Verwendung von geschlossenen Behältern, um Nagetieren den Zugang zu verwehren, und um die Lebensmittel vor Staub und Feuchtigkeit zu schützen. Diese Methoden haben dazu beigetragen, dass Lebensmittel länger haltbar gemacht und vor Verunreinigungen von außen geschützt werden konnten.

Die Arten von Behältern können je nach Kultur und Epoche variieren:

- **Ton-, Keramik- oder Steinkrüge wurden** in vielen antiken Zivilisationen zur Aufbewahrung von Lebensmitteln verwendet, z. B. in Ägypten oder im antiken Griechenland.

- **Geflochtene Körbe** oder Weidenkörbe wurden zur Aufbewahrung von trockenen Lebensmitteln wie Getreide oder Hülsenfrüchten verwendet.

- **Holz- oder Metallfässer wurden** zur Aufbewahrung von flüssigen Lebensmitteln wie Öl oder Wein verwendet.

- **Auch Behälter aus Bienenwachs** oder Harz wurden verwendet, um die gelagerten Lebensmittel vor Verunreinigungen und Nagetieren zu schützen.

Es gibt mehrere andere Beispiele für geschlossene Behälter, die in verschiedenen Kulturen und Epochen verwendet wurden, wie z. B.:

- **Steingefäße**, die in prähistorischen Gesellschaften zur Aufbewahrung von trockenen Lebensmitteln wie Getreide und Hülsenfrüchten verwendet wurden.

- **Metallgefäße wie Blechdosen** oder gusseiserne Fässer zur Aufbewahrung von Lebensmitteln aufgrund der Barrierewirkung gegen Luft und Feuchtigkeit, die in den Industriegesellschaften entwickelt wurden.

- **Leinwand**- oder Papiersäcke, die zur Aufbewahrung von trockenen Lebensmitteln wie Reis, Weizen und anderen Getreidesorten in modernen Gesellschaften verwendet wurden.

Es ist wichtig zu beachten, dass sich diese geschlossenen Behälter mit dem technologischen Fortschritt weiterentwickelt haben, um wirksamer zu werden und die gelagerten Lebensmittel vor Verunreinigungen und Nagetieren zu schützen sowie die Haltbarkeit der Lebensmittel für eine spätere Verwendung zu verbessern. Hier finden wir den weit zurückliegenden Ursprung unserer Konservendosen oder keimfreien Milchverpackungen wieder.

Kurz gesagt, der Zweck dieser geschlossenen Behälter bestand darin, Lebensmittel für eine spätere Verwendung haltbar zu machen, indem die gelagerten Lebensmittel vor Verunreinigungen und Nagetieren geschützt wurden.

Diese frühen Formen der Lebensmittelregulierung zielten darauf ab, die Qualität und Sicherheit von Lebensmitteln für eine spätere Verwendung zu gewährleisten.

Die alten Zivilisationen erkannten, wie wichtig es ist, die Qualität der auf den Märkten verkauften Lebensmittel zu gewährleisten, um die Gesundheit der Verbraucher zu schützen. Deshalb führten sie Gesetze und Standards ein, um die Qualität von Lebensmitteln zu gewährleisten und Betrüger zu bestrafen. Beispiele wie das alte Ägypten, das antike Griechenland, das Römische Reich und die alten chinesischen Gesetzbücher zeigen, dass diese Gesellschaften strenge Standards hatten, um die Qualität der auf den Märkten verkauften Lebensmittel zu gewährleisten, und dass Betrüger hart bestraft wurden. Dies zeigt, dass die Sorge um die Lebensmittelsicherheit Jahrtausende zurückreicht und ein ständiges Anliegen ist, um die Gesundheit aller Verbraucher zu schützen.

Mit der Ausweitung des Handels und dem Wachstum der Städte wurden die ersten Lebensmittelvorschriften eingeführt, um die Qualität der importierten und exportierten Lebensmittel zu sichern. Die ersten Handelsunternehmen erkannten, dass die Sicherung der Lebensmittelqualität von entscheidender Bedeutung war, um das Vertrauen der Verbraucher aufzubauen und ihre Produkte zu bewerben. Lebensmittelvorschriften wurden auch eingeführt, um die Verbraucher vor betrügerischen Geschäftspraktiken zu schützen und den Zugang zu gesunden Lebensmitteln zu gewährleisten.

Es gibt mehrere Beispiele für Lebensmittelvorschriften, die eingeführt wurden, um in alten Kulturen die Qualität von importierten und exportierten Lebensmitteln zu sichern:

Ägypten

Im alten Ägypten gab es strenge Gesetze, um die Qualität der auf den Märkten verkauften Lebensmittel zu gewährleisten. Die Händler waren verpflichtet, die Lebensmittel zu wiegen und mit Siegeln zu kennzeichnen,  um ihre Echtheit zu garantieren. Diese Siegel waren in der Regel unauslöschliche Markierungen, die entweder von Hand oder mithilfe von Holzstempeln hergestellt werden konnten. So konnten die Käufer die Echtheit der gekauften Lebensmittel überprüfen und sichergehen, dass sie keine minderwertigen oder verdorbenen Produkte erhielten.

Betrüger wurden für ihre Taten hart bestraft. Die Strafen reichten bis zur Amputation der Hände oder in den schlimmsten Fällen sogar bis zum Tod. Dies zeigt, wie wichtig der ägyptischen Gesellschaft die Qualität von Lebensmitteln und der Schutz der Verbraucher vor betrügerischen Geschäftspraktiken waren.

Die ägyptischen Gesetze trugen somit zur Gewährleistung der Lebensmittelsicherheit und zum Schutz der öffentlichen Gesundheit bei. Marktinspektoren waren dafür zuständig, die Märkte zu überwachen, um sicherzustellen, dass die Lebensmittel richtig gewogen und gekennzeichnet wurden und dass die Händler die geltenden Gesetze einhielten. Diese Gesetze spielten auch eine Rolle bei der Schaffung von Vertrauen zwischen Verbrauchern und Händlern.

Es ist schwer zu sagen, wer genau die betreffenden ägyptischen Gesetze verfasst hat, da sie sich im Laufe der Jahrhunderte verändert haben und von verschiedenen Pharaonen und Magistraten ausgearbeitet wurden. Die ägyptischen Gesetze wurden in der Regel in Texten festgehalten, die als "Gesetze der Weisen" oder "Gesetze der Gerechtigkeit" bezeichnet wurden. Diese Texte enthielten Regeln und Normen zur Regulierung von Handelsaktivitäten und zur Gewährleistung der Qualität der auf den Märkten verkauften Lebensmittel.

Es ist wichtig zu beachten, dass es keinen spezifischen Hinweis darauf gibt, wer diese Gesetze verfasst hat. Tatsächlich haben sich diese Gesetze im Laufe der Jahrhunderte weiterentwickelt und wurden von verschiedenen Juristen, Richtern und Pharaonen zusammengestellt. Es ist daher richtiger zu sagen, dass sich diese Gesetze im Laufe der Jahrhunderte weiterentwickelt haben und unter den "Gesetzen der Weisen" oder den "Gesetzen der Gerechtigkeit" zusammengefasst wurden.

Griechenland

Auch im antiken Griechenland gab es strenge Gesetze, um die Qualität der auf den Märkten verkauften Lebensmittel zu gewährleisten. Griechische Magistrate waren dafür zuständig, diese Gesetze  durchzusetzen, und Marktinspektoren überwachten die Märkte, um minderwertige oder verdorbene Lebensmittel aufzuspüren und Betrüger zu bestrafen. Betrüger wurden für ihr Handeln hart bestraft, bis hin zur Beschlagnahmung ihres Eigentums.

Griechische Bürger waren auch dafür verantwortlich, Fälle von Betrug oder verdorbenen Lebensmitteln zu melden, die sie auf den Märkten entdeckten. Griechische Magistrate konnten auch unangemeldete Inspektionen von Läden und Ständen durchführen, um sicherzustellen, dass die Händler die geltenden Lebensmittelgesetze einhielten.

Das Ziel der griechischen Lebensmittelgesetze bestand also darin, die Verbraucher vor verdorbenen oder betrügerischen Lebensmitteln zu schützen und die Qualität der auf den Märkten verkauften Lebensmittel zu gewährleisten. Dies trug zur Gewährleistung der Lebensmittelsicherheit und zum Schutz der öffentlichen Gesundheit bei. Die Lebensmittelvorschriften im antiken Griechenland waren ein Präzedenzfall für spätere Lebensmittelvorschriften in anderen Kulturen. Die im antiken Griechenland entwickelten Ideen und Praktiken waren für die nachfolgenden Kulturen, insbesondere die römische Welt, weitgehend einflussreich.

Die römischen Lebensmittelvorschriften wurden stark von den griechischen Praktiken beeinflusst. Die römischen Gesetze legten Qualitätsstandards für importierte und exportierte Lebensmittel fest, sahen Strafen für Händler vor, die verdorbene oder ungenießbare Lebensmittel einführten oder verkauften, und Inspektoren waren dafür zuständig, diese Gesetze auf den Märkten durchzusetzen.

Darüber hinaus reichte der griechische Einfluss über die römische Kultur hinaus bis ins Byzantinische Reich, die islamische Kultur und andere Kulturen in den folgenden Jahrhunderten. Die Grundprinzipien der Lebensmittelvorschriften, wie die Überwachung der Märkte auf verdorbene oder ungenießbare Lebensmittel, die Bestrafung von Betrügern und die Bemühungen, die Qualität der Lebensmittel für die Sicherheit der Verbraucher zu gewährleisten, wurden im Laufe der Geschichte von vielen Gesellschaften übernommen.

Rom

Die römischen Gesetze des Kaiserreichs verboten die Einfuhr von verdorbenen oder für den Verzehr ungeeigneten Lebensmitteln. Sie waren sehr streng, was die Einfuhr von verdorbenen oder für den Verzehr ungeeigneten  Lebensmitteln betraf. Römische Magistrate waren befugt, importierte Lebensmittel zu überwachen und sie auf Verunreinigungen oder Veränderungen zu untersuchen. Lebensmittel, die als ungenießbar eingestuft wurden, wurden sofort vernichtet, und den Importeuren drohten schwere Strafen. Sie verboten auch die Verwendung von Konservierungsmitteln und Lebensmittelzusatzstoffen zur Verbesserung der Haltbarkeit von Lebensmitteln, da sie der Ansicht waren, dass dies die Qualität der Lebensmittel beeinträchtigte. Die römischen Gesetze des Kaiserreichs waren hauptsächlich in einem Rechtskorpus namens "Corpus Juris Civilis" festgehalten, der zwischen 529 und 534 n. Chr. von Kaiser Justinian I. ausgearbeitet wurde. Dieser Rechtskorpus fasste die verschiedenen römischen Gesetze zusammen, die bis zurzeit Justinians bestanden, mit Änderungen und Ergänzungen, um sie an die Situation des Reiches anzupassen. Er umfasste die Gesetzbücher (Codex Justinianus), die römischen

Gewohnheiten (Digesten) und die Regeln für das Gerichtsverfahren (Institutiones). Es ist wichtig zu erwähnen, dass es schwierig ist zu sagen, wer der Autor der römischen Gesetze ist, da sie sich im Laufe der Jahrhunderte entwickelten und von verschiedenen Juristen, Magistraten und Kaisern zusammengestellt wurden. Daher ist es richtiger zu sagen, dass sich die römischen Gesetze im Laufe der Jahrhunderte weiterentwickelt haben und schließlich in Justinians Rechtskorpus zusammengefasst wurden.

Das Römische Reich war auch für sein Aquäduktsystem bekannt, das die Bürger mit sauberem Trinkwasser versorgte, sowie für ein Senkgrubensystem, das die Verunreinigung von Wasser und Lebensmitteln verhindern sollte. Die römischen Gesetze zur Lebensmittelhygiene verringerten zusammen mit diesen Wasserversorgungssystemen das Risiko von Krankheitsausbrüchen, die durch den Verzehr von kontaminierten Lebensmitteln verursacht wurden.

Alles in allem waren die römischen Gesetze des Kaiserreichs sehr streng, was die Einfuhr von verdorbenen oder ungenießbaren Lebensmitteln betraf, um die Qualität der Lebensmittel für die Verbraucher zu gewährleisten und die Gesundheitsrisiken für die Bürger zu begrenzen.

China

Alte chinesische Gesetzbücher wie die Gesetze von Yu (Xia-Dynastie) oder die Gesetze der Han-Dynastie enthielten strenge Regeln, um die Qualität von Lebensmitteln zu gewährleisten.  Die Gesetze von Yu (Xia-Dynastie) und die Gesetze der Han-Dynastie gehören zu den alten chinesischen Gesetzbüchern, die zur Regulierung von Handelsaktivitäten und zur Gewährleistung der Qualität der auf den Märkten verkauften Lebensmittel entwickelt wurden. Die Gesetze von Yu (Xia-Dynastie) sind die ältesten bekannten Gesetze Chinas und wurden während der Xia-Dynastie (ca. 2070–1600 v. Chr.) nach traditionellen Texten ausgearbeitet. Die Han-Dynastie, ein chinesisches Kaiserreich, das von 202 v. Chr. bis 220 n. Chr. regierte, erarbeitete ebenfalls Gesetze zur Regulierung von Handelsaktivitäten.

Diese Gesetze umfassten Standards für die Herstellung, die Verarbeitung, den Verkauf und den Transport von Lebensmitteln, Anforderungen an die Lagerbedingungen von Lebensmitteln, Qualitätsstandards für Lebensmittel und Strafen für Händler, die verdorbene oder ungenießbare

Lebensmittel verkauften. Diese Gesetze sollten die Verbraucher vor verdorbenen oder betrügerischen Lebensmitteln schützen und die Qualität der auf den Märkten verkauften Lebensmittel gewährleisten. Sie trugen somit zur Gewährleistung der Lebensmittelsicherheit und zum Schutz der öffentlichen Gesundheit bei.

Betrüger wurden für ihre Taten hart bestraft. Die Strafen reichten von der Beschlagnahmung ihres Eigentums bis hin zur Todesstrafe in den schwersten Fällen. Dies zeigt, wie wichtig der alten chinesischen Gesellschaft die Qualität der Lebensmittel und der Schutz der Verbraucher vor betrügerischen Geschäftspraktiken waren.

Die alten chinesischen Gesetzkodizes hatten zum Ziel, die Verbraucher vor verdorbenen oder betrügerischen Lebensmitteln zu schützen und die Qualität der auf den Märkten verkauften Lebensmittel zu gewährleisten. Dies trug zur Gewährleistung der Lebensmittelsicherheit und zum Schutz der öffentlichen Gesundheit bei. Diese Gesetze spielten auch eine Rolle bei der Schaffung von Vertrauen zwischen Verbrauchern und Händlern, indem sie die Verantwortlichkeiten der Händler klarstellten und ihnen Sanktionen auferlegten, wenn sie die Lebensmittelstandards nicht einhielten.

Gesetz und Religion

Die ersten bekannten Lebensmittelvorschriften basierten oft auf religiösen oder abergläubischen Überzeugungen, wie die ägyptischen Gesetze und die römischen religiösen Regeln.
Sie verboten den Verkauf verdorbener Lebensmittel, um den Göttern zu gefallen oder um übernatürliche Ursachen zu vermeiden. Das bedeutet, dass sie eher von kulturellen, spirituellen oder religiösen Überzeugungen als von wissenschaftlichen Überlegungen bestimmt wurden.

Diese Tatsache lässt sich dadurch erklären, dass die frühen menschlichen Gesellschaften wenig wissenschaftliche Kenntnisse über die Ursachen von Krankheiten und Lebensmittelverunreinigungen hatten. Daher brachten die Menschen ernährungsbedingte Krankheiten häufig mit übernatürlichen Ursachen in Verbindung, wie z. B. dem Zorn der Götter oder der Besessenheit durch Dämonen. Folglich zielten die ersten Lebensmittelvorschriften häufig darauf ab, solche übernatürlichen Ursachen zu vermeiden, anstatt die Verbraucher vor verdorbenen oder betrügerischen Produkten zu schützen. In der Antike verboten beispielsweise die ägyptischen Gesetze und die römischen religiösen Regeln den Verkauf verdorbener Lebensmittel, um den Göttern zu gefallen oder um solche übernatürlichen Ursachen zu vermeiden. Auch die religiösen Praktiken von Juden und Muslimen haben Lebensmittelvorschriften, wie z. B. das Verbot, bestimmte Fleischsorten zu essen, oder die Verpflichtung, Lebensmittel vor dem Verzehr zu segnen, eher aus religiösen als aus gesundheitlichen Gründen auferlegt. Mit der Zeit und den wissenschaftlichen Entdeckungen wurden diese Praktiken und Regeln angepasst und basieren nun mehr auf wissenschaftlichen Überlegungen.

Das Mittelalter

Im Mittelalter wurden Lebensmittelvorschriften eher zum Schutz der wirtschaftlichen Interessen von Händlern und Handwerkern als zum Schutz der Verbraucher eingeführt. Die Gilden, die Berufsorganisationen waren, in denen sich Händler und Handwerker eines bestimmten Berufsstandes zusammenschlossen, waren einer der Hauptakteure beim Erlass dieser Vorschriften.

Die Gilden hatten in den mittelalterlichen Städten eine große wirtschaftliche und politische Macht. Sie waren oft dafür zuständig, den Verkauf der Produkte ihres Berufsstandes zu regeln und die Qualität der von den  Gildenmitgliedern verkauften Produkte zu überwachen. Die Gilden erließen Gesetze, um die wirtschaftlichen Interessen ihrer Mitglieder zu schützen, wie z. B. die Beschränkung des Verkaufs von Produkten an Gildenmitglieder, die Festlegung von Preisen und regelmäßige Inspektionen, um die Qualität der verkauften Produkte sicherzustellen.

Diese Regelungen hatten jedoch auch negative Folgen. Die Gilden waren oft sehr geschlossen und beschränkten den Eintritt neuer Mitglieder. Dies führte zu einem Mangel an Wettbewerb und hinderte neue Händler daran, in den Markt einzutreten. Außerdem wurden die Preise für Produkte oft hoch angesetzt, was es Menschen mit geringem Einkommen erschwerte, qualitativ hochwertige Produkte zu kaufen.

Es ist wichtig zu beachten, dass diese Regelungen zwar eingeführt wurden, um die wirtschaftlichen Interessen der Gilden zu schützen, sie aber auch dazu beitrugen, die Qualität der Lebensmittel zu verbessern und das Risiko von Verunreinigungen oder Betrügereien zu verringern. Allerdings waren diese Regelungen oft sehr restriktiv und schränkten den Wettbewerb ein, sodass die Verbraucher keinen Zugang zu einer größeren Auswahl an qualitativ hochwertigen Produkten zu erschwinglichen Preisen hatten.

Die mittelalterlichen Gesetze in Europa führten Standards ein, um die Qualität von importierten und exportierten Lebensmitteln zu gewährleisten und Betrüger zu bestrafen. Während des Mittelalters wurden Lebensmittelvorschriften eingeführt, um die Verbraucher vor verdorbenen oder betrügerischen Lebensmitteln zu schützen und die Qualität der importierten und exportierten Lebensmittel zu gewährleisten.

Die mittelalterlichen Städte führten Gesetze ein, um den Verkauf von Lebensmitteln und Getränken zu regeln. Händler unterlagen regelmäßigen Kontrollen, um sicherzustellen, dass die von ihnen verkauften Lebensmittel von guter Qualität und nicht verdorben oder betrügerisch waren. Die mittelalterlichen Gesetze in Europa enthielten auch Normen für die Lagerbedingungen von Lebensmitteln, um Verunreinigungen und Fäulnis zu vermeiden.

Es gibt mehrere Beispiele für mittelalterliche Städte, die Gesetze einführten, um den Verkauf von Lebensmitteln und Getränken zu regulieren.

- **Die Stadt Paris** hatte im Mittelalter strenge Regeln für den Verkauf von Lebensmitteln. Händler mussten sich  regelmäßigen Inspektionen unterziehen, um sicherzustellen, dass die von ihnen verkauften Lebensmittel von guter Qualität und nicht verdorben oder betrügerisch waren. Betrüger wurden mit Geldbußen und Gefängnisstrafen bestraft.

- **Die Stadt Florenz** in Italien führte ebenfalls Gesetze ein, um den Verkauf von Speisen und Getränken zu  regulieren. Händler mussten Mitglieder von Gilden sein, um ihre Waren auf den Märkten verkaufen zu können. Die Gilden waren dafür zuständig, die Qualität der verkauften Lebensmittel zu überwachen und Betrüger zu bestrafen.

- **Städte im mittelalterlichen England**, wie London, führten Gesetze ein, um den Verkauf von

Lebensmitteln und Getränken zu regeln. Händler mussten sich regelmäßigen Kontrollen unterziehen, um sicherzustellen, dass die von ihnen verkauften Lebensmittel von guter Qualität und nicht verdorben oder betrügerisch waren. Betrüger wurden mit Geldbußen und Gefängnisstrafen bestraft.

- **Die Stadt Barcelona** in Spanien hatte Gesetze, die den Verkauf von Lebensmitteln und Getränken regelten.  Händler mussten Mitglieder einer Gilde sein, um ihre Waren auf den Märkten verkaufen zu können. Die Gilden waren dafür zuständig, die Qualität der verkauften Lebensmittel zu überwachen und Betrüger zu bestrafen.

- **Die Stadt Genua** in Italien hatte ähnliche Gesetze. Händler mussten Mitglied einer Gilde sein, um ihre  Waren auf den Märkten verkaufen zu können. Die Gilden waren dafür zuständig, die Qualität der verkauften Lebensmittel zu überwachen und Betrüger zu bestrafen.

- **Die Städte im mittelalterlichen Deutschland**, wie Augsburg oder Nürnberg, hatten  Gesetze, die den Verkauf von Lebensmitteln und Getränken regelten. Händler mussten sich regelmäßigen Kontrollen unterziehen, um sicherzustellen, dass die von ihnen verkauften Lebensmittel von guter Qualität und nicht verdorben oder betrügerisch waren. Betrüger wurden mit Geldbußen und Gefängnisstrafen bestraft.

- **Nordeuropäische Städte**, wie Brügge in Belgien, hatten Gesetze, die den Verkauf von  Lebensmitteln und Getränken regelten. Händler mussten Mitglieder einer Gilde sein, um ihre Waren auf den Märkten verkaufen zu können. Die Gilden waren dafür zuständig, die Qualität der verkauften Lebensmittel zu überwachen und Betrüger zu bestrafen.

Diese Beispiele zeigen, dass mittelalterliche Städte und Regierungen Gesetze einführten, um den Verkauf von Lebensmitteln und Getränken zu regulieren, um die Verbraucher vor verdorbenen oder betrügerischen

Lebensmitteln zu schützen und die Qualität der auf den Märkten verkauften Lebensmittel zu gewährleisten. Diese Regelungen haben dazu beigetragen, die Lebensmittelsicherheit zu gewährleisten und die öffentliche Gesundheit zu schützen.

Alles in allem reicht die Geschichte der Lebensmittelregulierung Jahrtausende zurück, als die ersten menschlichen Gesellschaften damit begannen, Lebensmittel für Zeiten des Hungers zu lagern. Diese frühen Formen der Lebensmittelregulierung zielten darauf ab, die gelagerten Lebensmittel vor Verunreinigungen und Nagetieren zu schützen und sie für eine spätere Verwendung aufzubewahren. Die frühen Gesellschaften entwickelten auch Praktiken, um die Qualität der Lebensmittel zu sichern, wie z. B. Fermentation, um Lebensmittel wie Gemüse und Fleisch haltbar zu machen. Die alten Zivilisationen hatten Gesetze und Normen, um die Qualität der auf den Märkten verkauften Lebensmittel zu gewährleisten und auch, um Betrüger zu bestrafen. Im Laufe der Zeit entwickelten sich diese Praktiken zu immer ausgefeilteren Verfahren und es wurden strengere Normen entwickelt, um die Qualität und Sicherheit der Lebensmittel für die Verbraucher zu gewährleisten.

Obwohl sich die Methoden der Lebensmittellagerung und -herstellung im Laufe der Jahrhunderte weiterentwickelt haben, blieb das Anliegen, die Verbraucher vor verdorbenen oder betrügerischen

Produkten zu schützen, in der gesamten Geschichte bestehen.

Im 19.

Jahrhundert begannen die Lebensmittelvorschriften aufgrund der wachsenden Stadtbevölkerung und der zunehmenden Kontamination von Lebensmitteln auch Überlegungen zur öffentlichen Gesundheit zu beinhalten. Die Regierungen begannen, Gesetze einzuführen, um die Hygienepraktiken und die Lagerung von Lebensmitteln zu regeln und gegen Lebensmittelbetrug vorzugehen. Die meisten dieser Vorschriften waren jedoch noch weitgehend unvollständig und unwirksam, und es dauerte Jahrzehnte, bis sie verbessert wurden.

Mit dem Aufkommen der modernen Wissenschaft und Technologie haben sich die Lebensmittelvorschriften weiterentwickelt, um beim Schutz der öffentlichen Gesundheit effektiver zu werden. Fortschritte in der Mikrobiologie und Chemie haben dazu beigetragen, die Ursachen von Lebensmittelverunreinigungen und die Möglichkeiten, sie zu verhindern, zu verstehen. Internationale Standards wurden festgelegt, um die Sicherheit von Lebensmitteln zu gewährleisten, und Überwachungs- und Rückverfolgbarkeitssysteme wurden eingeführt, um Lebensmittel vom Bauernhof bis auf den Teller zu verfolgen.

Alles in allem reichen die Ursprünge der Lebensmittelvorschriften bis in die Antike zurück, doch die ersten Vorschriften basierten auf religiösen oder abergläubischen Überzeugungen. Die Vorschriften haben sich im Laufe der Jahrhunderte weiterentwickelt und umfassen nun auch Erwägungen der öffentlichen Gesundheit und des Verbraucherschutzes. Wissenschaftliche Fortschritte und moderne Technologien spielen auch heute noch eine entscheidende Rolle.

Zusammenfassend lässt sich sagen, dass die Ursprünge der Lebensmittelvorschriften hauptsächlich von der Sorge um den Schutz der Verbraucher vor verdorbenen oder betrügerischen Produkten getrieben wurden. Im Laufe der Jahrhunderte haben sich die Lebensmittelvorschriften weiterentwickelt, um gesundheitliche Bedenken einzubeziehen und sich an neue Technologien und wissenschaftliche Entdeckungen anzupassen. Die Vorschriften wurden jedoch auch von den wirtschaftlichen Interessen der Händler und Produzenten beeinflusst. Heute werden die Vorschriften von Regierungen und internationalen Organisationen festgelegt, um die Gesundheit der Verbraucher zu schützen und eine angemessene Lebensmittelsicherheit für alle zu gewährleisten. Es wurden Überwachungs- und Rückverfolgbarkeitssysteme eingeführt, um Lebensmittel vom Bauernhof bis auf den Teller zu verfolgen. Es ist wichtig zu beachten, dass es trotz der aktuellen Regelungen weiterhin betrügerische Praktiken gibt. Die Lebensmittelregulierung ist ein sich ständig weiterentwickelnder Bereich und es ist wichtig, weiterhin in Forschung und Technologie zu investieren, um die Lebensmittelsicherheit für zukünftige Generationen zu gewährleisten.

Kapitel 2: Das Zeitalter der wissenschaftlichen Entdeckungen

Wie die Fortschritte in Medizin und Chemie im 19. Jahrhundert dazu beigetragen haben, ernährungsbedingte Krankheiten zu verstehen und Methoden zu entwickeln, um ihre Ausbreitung zu verhindern.

Im 19. Jahrhundert, dem Zeitalter der industriellen Revolution, wuchs die Stadtbevölkerung schnell an und die Lebensmittelkontamination nahm zu.

Es ist schwierig, eine genaue Zahl für diese Entwicklung anzugeben, da sie von der jeweiligen Region und dem Zeitraum abhängt. Im Allgemeinen kann man jedoch sagen, dass das Bevölkerungswachstum während der industriellen Revolution sehr stark war und die Stadtbevölkerung in vielen Industrieländern zunahm. In England beispielsweise stieg die städtische Bevölkerung von 17 % der Gesamtbevölkerung im Jahr 1800 auf über 50 % im Jahr 1900. In den USA stieg die städtische Bevölkerung von 3,9 Millionen im Jahr 1800 auf 29,5 Millionen im Jahr 1900.

Mit zunehmender Bevölkerungsdichte und Urbanisierung wurde es immer schwieriger, ein hohes Maß an Lebensmittelsicherheit aufrechtzuerhalten. Lebensmittel wurden häufig unter unhygienischen Bedingungen hergestellt und verkauft, was zu einer zunehmenden Kontamination führte. Die Stadtbewohner waren außerdem Risiken wie durch Lebensmittel übertragene Krankheiten und Unterernährung aufgrund eines Mangels an wichtigen Nährstoffen ausgesetzt.

Das schnelle Wachstum der Stadtbevölkerung führte auch zu einem Anstieg der Nachfrage nach Lebensmitteln, was wiederum zu einer Industrialisierung der Lebensmittelproduktion führte. Lebensmittel wurden in großen Mengen und zu erschwinglichen Preisen produziert, was jedoch häufig zu Kompromissen bei der Qualität und Sicherheit führte. Lebensmittel wurden in großen Fabriken hergestellt, was zu einem erhöhten Kontaminationsrisiko führte. Lebensmittel wurden gelagert und über große Entfernungen transportiert, was das Risiko des Verderbs mit sich brachte.

Die Lebensmittelvorschriften waren weitgehend unvollständig und ineffizient, und es dauerte Jahrzehnte, bis sie verbessert wurden.

Die ersten Gesetze zum Schutz der Lebensmittelsicherheit wurden in Städten und

Bundesstaaten eingeführt, um die Verbraucher vor verdorbenen oder betrügerischen Produkten zu schützen.

Das Zeitalter der wissenschaftlichen Entdeckungen im Bereich der Lebensmittelsicherheit begann mit der medizinischen Revolution Ende des 18. Jahrhunderts. In dieser Zeit kam es zu einer Wissensexplosion in der Medizin und den Biowissenschaften, die es den Forschern ermöglichte, die Ursachen von Krankheiten zu verstehen und Methoden zu entwickeln, um ihnen vorzubeugen.

In dieser Zeit führten die wissenschaftlichen Fortschritte zur Entdeckung von Bakterien und Mikroorganismen, die als Verursacher von Krankheiten wie Typhus und Ruhr identifiziert wurden. Ärzte und Wissenschaftler begannen, die Ursachen dieser Krankheiten zu erforschen und Methoden zu entwickeln, um ihnen vorzubeugen. Die Entdeckungen in der Mikrobiologie führten auch zur Erfindung von Pasteurisierungs- und Sterilisierungsmethoden, um gefährliche Bakterien in Lebensmitteln und Getränken abzutöten.

Fortschritte in der Chemie führten auch zur Entdeckung von Lebensmittelkonservierungsmitteln wie Salpetersäure- und Natriumbenzoatsalzen, die es ermöglichten, Lebensmittel über längere Zeiträume hinweg zu konservieren. Dies half, das Risiko von

Krankheiten durch den Verzehr verdorbener Lebensmittel zu senken, vor allem in Städten, in denen die hygienischen Bedingungen oft schlecht waren.

Um diese Kontaminationsprobleme zu bekämpfen, begannen Ärzte und Wissenschaftler, die Ursachen für ernährungsbedingte Krankheiten zu erforschen.

Im Laufe der Geschichte gab es mehrere Ärzte und Wissenschaftler, die dazu beigetragen haben, die Ursachen von ernährungsbedingten Krankheiten zu erforschen. Zu einigen der wichtigsten gehören:

- **Ignaz Semmelweis** war ein ungarischer Arzt, der Mitte des 19. Jahrhunderts am Allgemeinen Krankenhaus in Wien arbeitete. Er ist vor allem  für seine Arbeit über Handhygiene und die Bedeutung der Händedesinfektion für die Verhinderung der Übertragung von Infektionen bekannt. Er war der erste, der den Zusammenhang zwischen Handhygiene und der Senkung der Kindersterblichkeit in Entbindungsstationen beschrieb. Seine Ideen wurden zu seinen Lebzeiten weitgehend ignoriert, später aber schließlich übernommen und trugen zur Verbesserung des Gesundheitswesens und der Lebensmittelsicherheit bei.

– **John Snow** (1813–1858) war ein britischer Arzt und Epidemiologe, der als einer der Pioniere der modernen Medizin gilt. Er ist vor allem für seine Studie  über die Choleraepidemie von 1854 in London bekannt, bei der er mithilfe statistischer Verfahren nachwies, dass die Epidemie durch eine verseuchte Wasserquelle und nicht durch schlechte Luft verursacht wurde. Diese Studie führte dazu, dass Maßnahmen zur Verbesserung der Trinkwasserqualität ergriffen und moderne Abwassersysteme geschaffen wurden. Er schrieb auch ein Buch mit dem Titel "On the Mode of Communication of Cholera", das eine grundlegende Arbeit in der modernen Epidemiologie war. Er gilt als einer der Gründerväter der Umweltmedizin und der modernen öffentlichen Hygiene.

– **Robert Koch** war ein deutscher Arzt und Bakteriologe, der 1843 geboren wurde und 1910 starb. Aufgrund seiner Beiträge zum Verständnis der Mikrobiologie und der Infektionskrankheiten gilt er als einer der Pioniere der modernen Medizin. Am  bekanntesten ist er für seine Entdeckung des

Tuberkulosebazillus, den er 1882 identifizierte. Er entwickelte auch Methoden zur Identifizierung von Krankheitserregern, darunter die Technik der Kultivierung auf selektiven Nährböden und die Verwendung von Farbstoffen, um sie unter dem Mikroskop sichtbar zu machen. Er ist auch bekannt für die Verwendung von Versuchstieren zum Nachweis der Pathogenität von Mikroorganismen. Für seine Beiträge zur Medizin erhielt er 1905 den Nobelpreis für Physiologie oder Medizin.

– **Louis Pasteur** war ein französischer Chemiker und Mikrobiologe, der viele wichtige Entdeckungen auf dem Gebiet der Mikrobiologie und der  Lebensmittelsicherheit gemacht hat. Er gilt als einer der Väter der modernen Mikrobiologie. Er entdeckte die Keimtheorie, die das Verständnis von Lebensmittelverunreinigungen und Infektionskrankheiten revolutionierte. Außerdem entwickelte er Pasteurisierungsmethoden, um schädliche Mikroorganismen in Milchprodukten und Getränken zu beseitigen. Seine Arbeit führte zur Einführung von Standards für die Lebensmittelsicherheit, um die Verbraucher vor ernährungsbedingten Krankheiten zu schützen.

- **Joseph Lister** war ein britischer Chirurg und Wissenschaftler, der dafür bekannt ist, dass er die Verwendung von Desinfektionsmitteln und Antiseptik in der medizinischen Versorgung einführte. Er entdeckte, dass postoperative Infektionen  durch Mikroorganismen in der Luft verursacht wurden, und begann, Phenolsäurelösungen zur Desinfektion von Wunden und chirurgischen Instrumenten zu verwenden. Dadurch wurden die Infektionsraten erheblich gesenkt und die Ergebnisse für die Patienten verbessert. Lister veröffentlichte außerdem zahlreiche wissenschaftliche Artikel über Mikroorganismen und ihre Rolle bei Krankheiten und gilt als einer der Begründer der modernen Antisepsis und der mikrobiellen Medizin. Er untersuchte auch, wie man Lebensmittel vor Bakterien schützen kann.

- **George Whipple** war ein amerikanischer Arzt und Biochemiker, der in den 1920er und 1930er Jahren die Ursachen von Lebererkrankungen und Mangelernährung erforschte. Er entdeckte, dass ein Mangel an Vitamin B_{12} die Ursache für  perniziöse Anämie war, eine Krankheit, die häufig bei

Menschen mit Mageninsuffizienz oder anderen Verdauungsstörungen auftrat. Er untersuchte auch die Auswirkungen von Vitamin-C-Mangel auf den menschlichen Körper und zeigte, dass die Einnahme von Vitamin C Skorbut, eine Krankheit, die bei Seeleuten und Soldaten häufig auftrat, verhindern und heilen konnte. Seine Arbeiten führten zu einem besseren Verständnis der menschlichen Ernährungsbedürfnisse und trugen zur Entwicklung von Ernährungsstandards für die Bevölkerung bei.

– **Howard Florey und Ernst Chain** waren britische Ärzte und Wissenschaftler, die eine Schlüsselrolle bei der Entdeckung und Entwicklung von Penicillin spielten, einem Antibiotikum, das die Lebensmittelsicherheit erheblich verbesserte, indem es  half, bakterielle Krankheiten zu verhindern und zu behandeln. Florey und Chain isolierten und reinigten Penicillin im Jahr 1938 und führten anschließend Studien über seine Anwendung beim Menschen durch. Ihre Arbeit führte zur Entwicklung von Penicillin als gängiges therapeutisches Medikament, das weltweit Millionen von Menschenleben gerettet hat. Florey und Chain teilten sich 1945 für ihre Entdeckung des Penicillins den Nobelpreis für Physiologie oder Medizin.

– **Alexander Fleming** war ein schottischer Bakteriologe und Pharmakologe, der für die Entdeckung des Antibiotikums Penicillin bekannt ist, das die moderne Medizin revolutioniert hat. 1928 bemerkte er, dass bestimmte Pilze, insbesondere Penicillium,  in der Lage waren, Bakterien zu töten. Daraufhin forschte er nach den antibakteriellen Eigenschaften dieser Pilze und isolierte den Wirkstoff, den er Penicillin nannte. Seine Arbeit führte zur Entwicklung einer wirksamen Behandlung für zahlreiche Infektionskrankheiten, darunter Syphilis, Lungenentzündung und Sepsis. Für diese Entdeckung teilte er sich 1945 den Nobelpreis für Medizin.

– **Frederick Accum** war ein deutscher Chemiker und Ingenieur, der Anfang des 19. Jahrhunderts lebte. Er ist vor allem für seine Arbeiten zur Lebensmittelchemie und Lebensmittelsicherheit bekannt. Er war einer der ersten, der vor  den Gefahren von Lebensmittelkonservierungsmitteln und künstlichen Farbstoffen warnte, die damals in Lebensmitteln verwendet wurden. Er schrieb auch mehrere wichtige Bücher zu diesen Themen, darunter "A Treatise on Adulterations of Food, and Culinary Poisons" (1820), das dazu beitrug, das Bewusstsein der Verbraucher für die Risiken zu schärfen, die mit dem Verzehr minderwertiger Lebensmittel verbunden sind. Er war auch ein Verfechter der Verwendung von Qualitätsstandards für Lebensmittel und von Analysemethoden zur Erkennung von verunreinigten oder gefälschten Lebensmitteln.

Es gab noch weitere Ärzte und Wissenschaftler, die Fortschritte im Bereich der Lebensmittelsicherheit gemacht haben, diese Beispiele sind nur eine Auswahl.

Sie nutzten neue Technologien, um Bakterien und Mikroorganismen zu untersuchen, und entdeckten die Ursachen für bestimmte Krankheiten wie Ruhr und Typhus. Die Fortschritte in Medizin und Chemie im 19. Jahrhundert ermöglichten es, ernährungsbedingte Krankheiten zu verstehen, indem sie die dafür verantwortlichen Krankheitserreger identifizierten und Methoden zur Bekämpfung dieser Krankheiten entwickelten. Die Ärzte und Wissenschaftler der damaligen Zeit entdeckten zahlreiche Krankheitserreger wie Bakterien, Viren und Parasiten, die Krankheiten wie Ruhr, Typhus und Cholera verursachen konnten. Sie entdeckten auch Methoden zur Bekämpfung dieser Krankheitserreger, wie die Verwendung von Desinfektionsmitteln, die Pasteurisierung und die Sterilisierung. Fortschritte in der Chemie ermöglichten auch die Entwicklung von Methoden zum Nachweis von Schadstoffen in Lebensmitteln, wie chromatographische und spektrometrische Methoden.

Alles in allem führte diese medizinische Revolution Ende des 19. Jahrhunderts zu einer Vielzahl wissenschaftlicher Entdeckungen, die dazu beitrugen, die Ursachen ernährungsbedingter Krankheiten zu verstehen und Methoden zu entwickeln, um ihnen vorzubeugen. Diese Fortschritte spielten auch eine Schlüsselrolle bei der Entwicklung der ersten Lebensmittelvorschriften, die die Verbraucher vor verdorbenen oder betrügerischen Produkten schützten.

Wissenschaftler begannen, experimentelle Methoden einzusetzen, um Krankheiten zu verstehen, und Therapien zu entwickeln, um sie zu behandeln. Allerdings war es immer noch schwierig, die Ursachen von Lebensmittelkrankheiten zu verstehen, da es nur wenig Wissen über Mikroorganismen und die Mechanismen der Lebensmittelkontamination gab.

Neben diesen wissenschaftlichen Fortschritten spielten auch Entdeckungen in der Chemie eine wichtige Rolle bei der Prävention von ernährungsbedingten Krankheiten.

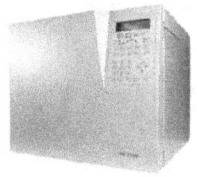

Wissenschaftler entdeckten Methoden, um Lebensmittel mithilfe von Konservierungsmitteln wie

Salz, Essig und Zucker haltbar zu machen. Fortschritte in der Lebensmittelchemie im 19. und frühen 20. Jahrhundert führten zur Entwicklung von Methoden zum Nachweis von Schadstoffen und gefährlichen Chemikalien in Lebensmitteln. Wissenschaftler begannen, Techniken der Chromatografie, Spektrometrie und chemischen Analyse einzusetzen, um die verschiedenen Bestandteile von Lebensmitteln zu identifizieren und Kontaminanten und gefährliche Chemikalien nachzuweisen.

Die Chromatografie ist eine Technik, mit der die Bestandteile einer gemischten Substanz unter Verwendung der Prinzipien der Diffusion und Selektivität getrennt werden. Es gibt verschiedene Arten der Chromatografie, z. B. Flüssigchromatografie, Gaschromatografie und Säulenchromatografie.

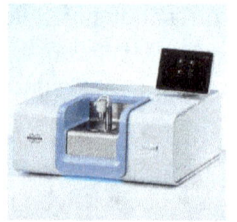

Die Spektrometrie ist eine Technik, die zur Messung der elektromagnetischen Eigenschaften von Molekülen verwendet wird. Es gibt verschiedene Arten der Spektrometrie, z. B. Infrarotspektrometrie, Ultraviolett-Visuell-Spektrometrie und Massenspektrometrie. Spektrometer verwenden in der Regel elektromagnetische Strahlung, um die Elektronen eines Moleküls anzuregen, wodurch die elektromagnetischen Eigenschaften des Moleküls wie Zusammensetzung,

Struktur und Konzentration gemessen werden können. Diese beiden Techniken werden oft zusammen verwendet, um die Bestandteile einer Substanz zu identifizieren und zu quantifizieren.

Die Technologien zum Nachweis von Schadstoffen haben sich im Laufe der Jahre weiterentwickelt und ermöglichen eine genauere und empfindlichere Analyse von Lebensmitteln. Bei den heutigen Methoden werden Technologien wie Gaschromatografie, Hochleistungsflüssigkeitschromatografie und Massenspektrometrie eingesetzt, um Kontaminanten und gefährliche Chemikalien in Lebensmitteln mit hoher Genauigkeit nachzuweisen. Diese modernen Methoden können Kontaminanten bereits in sehr geringen Mengen nachweisen und können auch zur Identifizierung von Kontaminationsquellen verwendet werden.

Die Fortschritte in der Lebensmittelchemie haben auch zur Entwicklung von Methoden zur Bekämpfung von Kontaminanten und gefährlichen Chemikalien geführt. Wissenschaftler haben Methoden zur Reinigung von Lebensmitteln entwickelt, indem sie Techniken wie Spülen, Filtern und Pasteurisieren anwenden. Pasteurisieren ist eine Methode der Wärmebehandlung, bei der pathogene Bakterien in Lebensmitteln abgetötet werden, indem sie für kurze Zeit hohen Temperaturen ausgesetzt werden. Filtern ist eine Methode, bei der Filter eingesetzt werden, um unerwünschte Partikel, wie

Bakterien und Verunreinigungen, aus Lebensmitteln zu entfernen. Spülen ist eine Methode, bei der Wasser verwendet wird, um Verunreinigungen und Rückstände aus Lebensmitteln zu entfernen. Diese Methoden haben die Lebensmittelsicherheit verbessert, indem sie das Risiko von Kontaminationen und ernährungsbedingten Krankheiten verringert haben.

Wissenschaftler haben auch Lebensmittelzusatzstoffe entwickelt, um die Qualität und Sicherheit von Lebensmitteln zu verbessern, wie z. B. Konservierungsstoffe und Antioxidantien. Lebensmittelzusatzstoffe sind Substanzen, die Lebensmitteln zugesetzt werden, um ihren Geschmack, ihre Textur, ihr Aussehen oder ihre Haltbarkeit zu verbessern. Konservierungsstoffe z. B. verlängern die Haltbarkeit von Lebensmitteln, indem sie das Wachstum von Bakterien und Schimmelpilzen verhindern. Antioxidantien hingegen helfen dabei, Lebensmittel vor Oxidation und Schäden durch freie Radikale zu schützen.

Oxidation ist ein chemischer Prozess, der stattfindet, wenn die Moleküle eines Lebensmittels oder einer anderen Verbindung Sauerstoff ausgesetzt sind. Dies kann zu Schäden an den Molekülen führen und die Lebensmittel weniger sicher oder weniger schmackhaft machen. Freie Radikale sind instabile Moleküle, die oxidative Schäden an Zellen verursachen können. Sie können durch äußere Faktoren wie

Umweltverschmutzung oder durch normale Zellprozesse wie die Atmung erzeugt werden. Antioxidantien, wie die Vitamine C und E, können helfen, die Zellen vor Schäden durch freie Radikale zu schützen, indem sie diese instabilen Moleküle neutralisieren.

Lebensmittelzusatzstoffe sind Substanzen, die Lebensmitteln zugesetzt werden, um ihre Qualität, ihr Aussehen oder ihre Haltbarkeit zu verbessern. Diese Stoffe können positive Auswirkungen haben, aber auch Risiken für die menschliche Gesundheit bergen. Lebensmittelzusatzstoffe können unerwünschte Wirkungen wie allergische Reaktionen, Verdauungsstörungen oder langfristige Gesundheitsschäden verursachen. Daher ist es wichtig, dass Lebensmittelzusatzstoffe mit Vorsicht verwendet werden.

Das Zeitalter der wissenschaftlichen Entdeckungen im 19. Jahrhundert hat dazu beigetragen, ernährungsbedingte Krankheiten zu verstehen und Methoden zu entwickeln, um ihre Ausbreitung zu verhindern. Die Fortschritte in der Medizin, Mikrobiologie und Chemie spielten alle eine Schlüsselrolle bei der Bekämpfung von ernährungsbedingten Krankheiten und Lebensmittelverunreinigungen. Diese Entdeckungen haben auch zur Entstehung neuer, strengerer und effektiverer Lebensmittelvorschriften zum Schutz der öffentlichen Gesundheit geführt. Diese Entdeckungen führten auch zur Entwicklung neuer Technologien für die Produktion, die Verarbeitung und den Vertrieb von Lebensmitteln, die eine höhere Lebensmittelsicherheit gewährleisten.

Die wissenschaftlichen Fortschritte dieser Zeit führten auch zu einem besseren Verständnis der Ernährungsbedürfnisse des Einzelnen und zu besseren Möglichkeiten, gesunde und sichere Lebensmittel für alle Verbraucher zu entwickeln. Die Entdeckungen in der Ernährungswissenschaft führten auch zu einem besseren Verständnis der Bedeutung von Lebensmittelvielfalt für eine ausgewogene Ernährung und für die Prävention von ernährungsbedingten Krankheiten.

Diese Entdeckungen hatten in den folgenden Jahrhunderten einen bedeutenden Einfluss auf die Lebensmittelsicherheit und bilden auch heute noch die Grundlage für moderne Ernährungspraktiken und -vorschriften. Die laufende Forschung und die aktuellen wissenschaftlichen Fortschritte spielen auch weiterhin eine wichtige Rolle bei der Verbesserung der Ernährungspraktiken und der Gewährleistung der Lebensmittelsicherheit für alle.

Kapitel 3: Die Lebensmittelkrisen des 20. Jahrhunderts

Wie Ausbrüche von Krankheiten wie Denguefieber und Rinderwahnsinn die Schwachstellen der Lebensmittelsysteme aufzeigten und zur Einführung strengerer Normen führten.

Im 20. Jahrhundert haben Lebensmittelkrisen die Schwachstellen der Lebensmittelsysteme aufgedeckt und zur Einführung höherer Standards geführt. Ausbrüche von Krankheiten wie Denguefieber und Rinderwahnsinn hatten erhebliche Auswirkungen auf die Lebensmittelsicherheit und führten zu einem stärkeren Bewusstsein für die Bedeutung der Lebensmittelsicherheit für die öffentliche Gesundheit.

Denguefieber

Denguefieber ist eine Infektionskrankheit, die durch ein Virus aus der Familie der Flaviviridae verursacht und von Stechmücken der Gattung Aedes übertragen wird. Die Symptome des Denguefiebers können von leicht bis schwer reichen und umfassen Fieber, Kopfschmerzen,

Muskel- und Gelenkschmerzen, Hautausschläge sowie Nasen- und Zahnfleischbluten. Die schwere Form der Krankheit, das sogenannte hämorrhagische Denguefieber, kann zu übermäßigen Blutungen, Thrombozytenmangel, Leberversagen und sogar zum Tod führen. Es gibt keine spezifische Behandlung für Denguefieber und die Prävention beruht auf der Reduzierung der Mückenpopulation und der Verwendung von Repellentien, um Stiche zu vermeiden.

Denguefieber ist eine Viruserkrankung, die von Mücken übertragen wird. Sie äußert sich durch Symptome wie Fieber, Kopfschmerzen, Gelenk- und Muskelschmerzen sowie Hautausschlag. Die schwerste Form der Krankheit wird als hämorrhagisches Denguefieber bezeichnet, bei dem es zu Blutungen und Blutdruckabfall kommen kann, der tödlich enden kann, wenn die Krankheit nicht schnell behandelt wird. Die Denguefieber-Pandemie der 1930er Jahre, von der viele Länder in Lateinamerika und der Karibik betroffen waren, war eine der ersten großen Ernährungskrisen des 20. Jahrhunderts. Ausgelöst wurde sie durch eine Kombination von Faktoren wie Bevölkerungswachstum, schnelle Urbanisierung und Entwaldung, die die Verbreitung von Mücken, die die Krankheit übertrugen, erhöhten. Diese Epidemie war einer der Auslöser für die Einführung von Programmen im Bereich der öffentlichen Gesundheit zur Bekämpfung der Krankheit.

Die Krankheit breitete sich rasch in den Tropen und Subtropen aus und verursachte Tausende von Todesfällen. Sie wurde als eine der größten Pandemien von Tropenkrankheiten der damaligen Zeit angesehen.

Die Denguefieber-Pandemie zeigte die Schwächen der damaligen Gesundheits- und Lebensmittelsicherheitssysteme auf. Die Systeme zur Überwachung und Kontrolle von Krankheiten waren unzureichend, um mit der schnellen Ausbreitung der Krankheit fertig zu werden.

Die Pandemie führte zu einer stärkeren Sensibilisierung für die Bedeutung der Krankheitsprävention. Regierungen und internationale Organisationen begannen, in Forschungsprogramme zu investieren, um tropische Krankheiten zu verstehen und Möglichkeiten zu entwickeln, sie zu verhindern und zu kontrollieren. Es wurden auch Anstrengungen unternommen, um die Systeme zur Überwachung und Kontrolle von Krankheiten zu verbessern und die Gesundheitsinfrastruktur in den betroffenen Regionen zu verbessern.

Die Denguefieber-Pandemie führte auch zu einer stärkeren Sensibilisierung für die Bedeutung von Hygiene und Umgebungspflege zur Prävention von ernährungsbedingten Krankheiten. Es wurden Anstrengungen unternommen, die persönliche Hygiene und die Pflege der Umgebung zu verbessern, um das

Risiko der Übertragung von Krankheiten durch Mücken und andere Vektoren zu verringern.

Alles in allem war die Denguefieber-Pandemie der 1930er Jahre, auch wenn ihr Ursprung nicht auf die Ernährung zurückzuführen war, eine entscheidende Erinnerung an die Bedeutung der Ernährungssicherheit für die Gesundheit und das Überleben der Bevölkerung und führte zu bedeutenden Veränderungen in der Politik und den Praktiken der öffentlichen Gesundheit, um Krankheiten zu verhindern.

Benzol

Eines der größten Probleme der Lebensmittelsicherheit, das in letzter Zeit Schlagzeilen machte, war der Skandal um das Perrier-Wasser im Jahr 1990. Es wurde festgestellt, dass in einigen Flaschen des in Frankreich hergestellten Perrier-Wassers hohe Spuren von Benzol, einer krebserregenden Chemikalie, enthalten waren. Es stellte sich heraus, dass das Benzol das Ergebnis eines Prozessfehlers bei der Herstellung des Mineralwassers war.

Benzol ist eine aromatische, organische chemische Verbindung mit der Formel C_6H_6. Es ist eine farblose, flüchtige Flüssigkeit mit einem charakteristischen, fruchtigen Geruch. Es wird in zahlreichen industriellen Anwendungen eingesetzt, u. a. als Lösungsmittel, als Synthesezwischenprodukt bei der Herstellung von Chemikalien und als Zusatzstoff in Benzin. Benzol ist auch ein Produkt unvollständiger Verbrennung und kann als Schadstoff in der Luft gefunden werden. Es ist ein bekanntes Karzinogen für den Menschen und wird von der Weltgesundheitsorganisation als krebserregender Stoff der Kategorie 1 eingestuft. Eine längere Exposition gegenüber Benzol kann Schäden am Blut- und Lymphsystem verursachen und das Leukämierisiko erhöhen.

Die Firma Perrier reagierte sofort. Sie rief 170 Millionen Flaschen mit kontaminiertem Wasser zurück und erklärte, dass Kunden, die die kontaminierten Flaschen gekauft hatten, diese für eine volle Rückerstattung zurückgeben könnten. Sie begannen auch sofort damit, ihre Qualitätskontrollverfahren zu überprüfen und zu verschärfen, um solche Vorfälle in Zukunft zu vermeiden.

Es ist schwierig, eine genaue Zahl für die Kosten des Perrier-Wasserskandals zu nennen, da er nicht nur finanzielle Kosten, sondern auch einen Reputationsverlust für das Unternehmen bedeutete. Die direkten Kosten für den Rückruf von 170 Millionen Flaschen mit verunreinigtem Wasser waren sicherlich hoch, und es ist wahrscheinlich, dass das Unternehmen aufgrund der geringeren Nachfrage nach ihrem Produkt auch Umsatzeinbußen erlitten hat.

Außerdem entstanden dem Unternehmen Kosten für die Überprüfung und Stärkung der Qualitätskontrollverfahren, für Kommunikationskampagnen zur Rückgewinnung des Kundenvertrauens und für PR-Kampagnen zur Verbesserung des Markenimages.

Es ist auch wichtig zu beachten, dass dies zu erheblichen Änderungen der Vorschriften im Zusammenhang mit der Wasserqualität und der Verwendung von Chemikalien in der Lebensmittelindustrie geführt hat, sodass es für die Unternehmen zusätzliche Kosten gab, um die neuen Vorschriften einzuhalten.

BSE

Die Krankheit bovine spongiforme Enzephalopathie (BSE), auch bekannt als Rinderwahnsinn, wird durch ein abnormales Protein, das Prion genannt wird, verursacht. Prionen sind normale Proteine, die in Körperzellen vorkommen. Wenn sie jedoch in irgendeiner Weise verändert werden, können sie Gehirnzellen schädigen und neurodegenerative Erkrankungen verursachen.

Es ist noch unklar, wie veränderte Prionen entstehen, aber es wird angenommen, dass dies durch spontane genetische Mutationen, den Kontakt mit chemischen Substanzen oder Umweltfaktoren verursacht werden kann. Es ist auch möglich, dass veränderte Prionen durch den Verzehr von infizierten Lebensmitteln oder Geweben oder durch Kontakt mit infiziertem Material von einem Menschen auf den anderen übertragen werden können.

Der Rinderwahnsinn wurde erstmals 1986 in Großbritannien entdeckt, aber es dauerte Jahre, bis die genaue Ursache der Krankheit identifiziert werden konnte. Die ersten Fälle wurden bei Kühen diagnostiziert, die Symptome neurologischer Störungen wie unkontrollierte Bewegungen, Koordinations- und Gangstörungen und Unruhe zeigten. Es wurde festgestellt, dass diese Symptome durch Hirnschädigungen verursacht wurden, die für den Rinderwahnsinn charakteristisch sind.

Die Ansteckung von Kühen mit Rinderwahnsinn erfolgt hauptsächlich durch den Verzehr von kontaminierten Lebensmitteln. Im Fall der BSE-Krise in Großbritannien und Europa war die Hauptkontaminationsquelle Tiermehl, das Reste von infiziertem Gewebe enthielt, hauptsächlich Gehirn und

Wirbel von Kühen mit BSE. Dieses Mehl wurde in Tierfutter verwendet, darunter auch Futter für Milchkühe.

Der Tiermehlskandal wurde 1996 aufgedeckt, als Fälle von Rinderwahnsinn bei Kühen gemeldet wurden, die genetisch nicht für die Krankheit gefährdet waren. Die Untersuchungen ergaben, dass kontaminiertes Tiermehl in Tierfutter verwendet worden war und dies zur Ansteckung vieler Kühe geführt hatte.

Um eine Kontamination von Futtermitteln zu verhindern, verboten die Gesundheitsbehörden die Verwendung von Tiermehl in Futtermitteln und führten Rückverfolgbarkeitssysteme zur Rückverfolgung von Futter- und Lebensmitteln ein. Die Qualitätskontrollen wurden verschärft, die Standards für Lebensmittelsicherheit verbessert und die Vorschriften verschärft, um künftige Kontaminationen zu verhindern.

Die BSE-Krise hatte enorme Auswirkungen auf die Rindfleischindustrie in Europa und verursachte wirtschaftliche Verluste in Höhe von Milliarden von Dollar. Es kam zu Schließungen von Schlachthöfen, Einkommensverlusten für die Landwirte und Störungen in den Lebensmittelversorgungsketten.

Die Krise hatte auch erhebliche Auswirkungen auf die Lebensmittelsicherheit. Die Verbraucher verloren das Vertrauen in Rindfleischprodukte, was zu einem Rückgang der Verkaufszahlen führte. Es gab Bemühungen, die Verbraucher über die Sicherheit von Rindfleisch zu beruhigen, aber es dauerte lange, bis das Vertrauen der Öffentlichkeit wieder hergestellt war.

Seit der BSE-Krise in den 1990er Jahren hat die Europäische Union (EU) strenge Vorschriften eingeführt, um die Sicherheit von Rindfleisch in Europa zu gewährleisten. Die Standards für Lebensmittelsicherheit wurden erhöht, um zukünftige Ansteckungen zu vermeiden, und die Überwachungssysteme wurden verbessert, um Verdachtsfälle schnell zu erkennen.

Der Rinderwahnsinn gilt laut der Weltorganisation für Tiergesundheit (OIE) seit 2011 in Europa als ausgerottet. Seitdem hat die EU die Situation weiterhin genau überwacht, um sicherzustellen, dass sich die Krankheit nicht wieder ausbreitet.

Regelmäßige Gesundheitskontrollen werden bei Rindern durchgeführt, um jeden Verdachtsfall von Rinderwahnsinn zu erkennen. Kühe, die Symptome zeigen, werden sofort geschlachtet und auf die Krankheit getestet. Rinder, die mit einem infizierten Tier in Kontakt gekommen sind, werden ebenfalls getestet und können geschlachtet werden, wenn sie positiv auf die Krankheit getestet wurden.

Es ist wichtig zu beachten, dass der Rinderwahnsinn in einigen Ländern außerhalb der EU immer noch präsent ist, sodass die Gefahr einer Ansteckung im Zusammenhang mit Rindfleischimporten besteht. Die strengen Gesundheitsvorschriften der EU und die strengen Gesundheitskontrollen an den Grenzen gelten weiterhin, um die europäischen Verbraucher vor einer möglichen Kontamination zu schützen.

Die Kosten der BSE-Krise waren sehr hoch, sowohl wirtschaftlich als auch in Bezug auf das Image der Rindfleischindustrie.

In wirtschaftlicher Hinsicht waren die finanziellen Verluste beträchtlich. Die Kosten für die Schlachtung und Beseitigung infizierter Rinder sowie für die Einführung von Überwachungs- und Kontrollmaßnahmen waren sehr hoch. Auch die Rinderzüchter erlitten aufgrund der geringeren Nachfrage nach Rindfleisch und des Preisverfalls erhebliche finanzielle Einbußen. Die Kosten für die Lebensmittelverarbeitungsindustrie waren ebenfalls beträchtlich, da rindfleischbezogene Lebensmittel vom Markt genommen und Zutaten ersetzt werden mussten.

Es ist schwierig, die Gesamtkosten der BSE-Krise genau zu beziffern, da sie von Land zu Land sehr unterschiedlich sind und von vielen Faktoren abhängen, wie z. B. der Größe der Rindfleischindustrie in jedem Land, der Schwere des Ausbruchs und den Maßnahmen, die zu seiner Bewältigung ergriffen wurden. Die Schätzungen reichen von einigen Milliarden bis zu zweistelligen Milliardenbeträgen.

Neben diesen finanziellen Kosten hatte die Krise auch einen großen Einfluss auf das Image der Rindfleischindustrie und führte zu einem Rückgang des Verbrauchervertrauens in die Lebensmittelsicherheit.

Dioxin

Cl_n — [Dibenzodioxin-Struktur] — Cl_m

Dioxin ist die allgemeine Bezeichnung für eine Gruppe hochgiftiger chlororganischer Verbindungen, zu denen polychlorierte Dibenzodioxine (PCDD) und polychlorierte Dibenzofurane (PCDF) gehören. Diese Verbindungen sind industrielle Schadstoffe, die sich bei unvollständigen Verbrennungsprozessen bilden, z. B. in Verbrennungsanlagen, Koksöfen, chemischen Anlagen und Kraftwerken. Dioxine können auch bei bestimmten land- und forstwirtschaftlichen Tätigkeiten sowie bei der Verwendung von chlorierten Pestiziden und Fungiziden entstehen. Dioxine sind für Tiere und Menschen hochgiftig und können Gesundheitsschäden verursachen, wie z. B. hormonelle Störungen, Fortpflanzungsstörungen und Störungen des

Immunsystems. Eine chronische Dioxinbelastung kann zu Krebs führen.

1997 wurde in Belgien die Kontamination von Lebensmitteln mit Dioxin festgestellt, welche Tausende von Krankheits- und Todesfällen verursachte. Dies führte auch zu Änderungen in den Überwachungssystemen und der Rückverfolgbarkeit von Lebensmitteln in Europa.

Fleisch von Pferden

Ein weiteres Beispiel für eine große Lebensmittelkrise im 20. Jahrhundert ist der Pferdefleischskandal, der 2013 in Europa aufgedeckt wurde. Es kam heraus, dass Pferdefleisch in betrügerischer Absicht als Rindfleisch etikettiert und in Supermärkten und Restaurants in mehreren europäischen Ländern verkauft worden war. Das Pferdefleisch war aus Südamerika und anderen Ländern importiert worden und enthielt hohe Mengen des verbotenen Arzneistoffs Phenylbutazon, der potenziell gefährlich für die menschliche Gesundheit ist.

Dieser Skandal zeigte die Schwächen der Systeme zur Rückverfolgbarkeit und Qualitätskontrolle von

Lebensmitteln in Europa auf. Er offenbarte, dass die Systeme zur Überwachung und Kontrolle von Lebensmitteln unzureichend waren, um Lebensmittelbetrug aufzudecken, und dass die bestehenden Vorschriften nicht ausreichen, um die Verbraucher vor gefährlichen Lebensmitteln zu schützen.

Die Reaktion auf diesen Skandal war ein schnelles Handeln von Regierungen und internationalen Organisationen, um die Lebensmittelvorschriften zu verschärfen und die Systeme zur Rückverfolgbarkeit und Qualitätskontrolle zu verbessern. Es wurde versucht, effektivere Überwachungssysteme zur Aufdeckung von Lebensmittelbetrug einzurichten und die Rückverfolgbarkeitssysteme zu verbessern, um Lebensmittel vom Bauernhof bis auf den Teller verfolgen zu können. Außerdem wurden die Vorschriften verschärft, um sicherzustellen, dass importierte Lebensmittel die gleichen Qualitätsstandards erfüllen wie einheimische Lebensmittel.

Listeriose

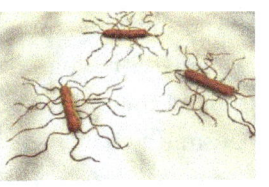

Listeriose ist eine Krankheit, die durch das Bakterium Listeria monocytogenes verursacht wird. Sie kann sich über Lebensmittel verbreiten, insbesondere über rohe oder schlecht gegarte Lebensmittel wie rohes

Fleisch, Meeresfrüchte, Rohmilchprodukte, Gemüse und Produkte aus pasteurisierter Milch. Zu den Symptomen einer Listeriose können Fieber, Schüttelfrost, Kopfschmerzen, Bauchschmerzen und Erbrechen gehören. Das größte Risiko, an Listeriose zu erkranken, haben schwangere Frauen, ältere Menschen, Menschen mit einem geschwächten Immunsystem und Neugeborene. Die Krankheit kann schwerwiegend sein und zu schweren Komplikationen wie Sepsis und Meningitis führen und in einigen Fällen tödlich verlaufen.

Fälle von Listeriose wurden aus vielen Ländern der Welt gemeldet, und die Krankheit kann für schwangere Frauen, Neugeborene, ältere Menschen und Menschen mit geschwächtem Immunsystem besonders schwerwiegend sein. Die am häufigsten an Listeriosefällen beteiligten Lebensmittel sind rohe Fleischprodukte, Milchprodukte, Meeresfrüchte und rohes Gemüse. Lebensmittelunternehmen können Maßnahmen ergreifen, um eine Kontamination mit Listerien zu verhindern, wie z. B. die Sterilisierung von Geräten und Arbeitsflächen, die regelmäßige Desinfektion von Räumen und die Einführung von Programmen zur Überwachung der Wasser- und Lebensmittelqualität. Die Kosten der Listeriose sind beträchtlich. Sie umfassen Ausgaben für das Gesundheitswesen, Kosten im Zusammenhang mit

Betriebsschließungen und Produktrückrufen sowie Schäden am Ruf der Unternehmen.

Weltweit gab es in jüngster Zeit mehrere Fälle von Listeriose. In den USA wurde 2019 ein Listerioseausbruch im Zusammenhang mit geschnittenen Melonenprodukten gemeldet, der zu etwa 20 Krankenhauseinweisungen und zwei Todesfällen führte. 2018 wurde in Europa ein Ausbruch von Listeriose im Zusammenhang mit Wurstwaren gemeldet, der mehrere Krankenhauseinweisungen und Todesfälle zur Folge hatte. Auch in den letzten Jahren gab es in verschiedenen Ländern Fälle von Listeriose im Zusammenhang mit Milchprodukten und Meeresfrüchten.

Hier sind noch weitere Beispiele für Skandale im Zusammenhang mit Listerien.

- **1993** wurde ein Listerioseausbruch in den USA mit Milchprodukten in Verbindung gebracht, der zum Tod mehrerer Menschen und Hunderten von schweren Krankheitsfällen führte. Die Ansteckung war durch das Bakterium Listeria monocytogenes verursacht worden, das sich in Rohmilchprodukten ausbreitete, die von einem Unternehmen in Colorado hergestellt wurden. Die Gesundheitsbehörden zogen die Produkte schnell vom Markt zurück und leiteten eine

Untersuchung ein, um die Quelle der Kontamination zu ermitteln. Die Untersuchungen deckten Hygiene- und Reinigungsprobleme in den Einrichtungen des Unternehmens auf.

- **2011** wurde ein Listerioseausbruch in den USA mit aus Mexiko importierten Gurken in Verbindung gebracht. Die Gesundheitsbehörden erklärten, dass die Ansteckung wahrscheinlich beim Anbau oder der Verarbeitung der Gurken stattgefunden habe. Mehr als 150 Menschen in 28 US-Bundesstaaten wurden infiziert, und es wurden mehr als 30 Todesfälle gemeldet.

- **2013** wurde ein Listerioseausbruch in den USA mit Rohmilchprodukten in Verbindung gebracht, die von einer staatlichen Farm in Kalifornien, bekannt als "Foster Farms", hergestellt wurden. Dieser Ausbruch verursachte den Tod von sechs Menschen und infizierte fast 300 Menschen im ganzen Land. Die Centers for Disease Control and Prevention (CDC) erklärten, dass der Ausbruch der längste und umfassendste war, der je für eine Infektion mit Listeria monocytogenes in den USA gemeldet wurde. Die Gesundheitsbehörden gaben Warnungen heraus, dass die Verbraucher keine Rohmilchprodukte von der

Farm verzehren sollten, und führten Inspektionen und Tests durch, um die Quellen der Kontamination zu ermitteln. Die Farm ergriff schließlich Maßnahmen, um die Probleme mit der Lebensmittelsicherheit zu beheben und die Hygienepraktiken zu verbessern, doch der Vorfall zeigte die Lücken in den Überwachungs- und Kontrollsystemen für Lebensmittelsicherheit in den USA auf.

- **2019** gab es einen aktuellen Fall eines Listerioseausbruchs in Südamerika, der mit Milchprodukten in Verbindung gebracht wurde. Dieser Ausbruch wurde durch eine Kontamination mit Listeria monocytogenes in Milchprodukten wie Käse und pasteurisierter Milch verursacht. Diese Kontamination führte aufgrund des hohen Konsums von Milchprodukten in der Region zu Tausenden von Krankheitsfällen und Dutzenden von Todesfällen.

Es ist wichtig zu beachten, dass solche Ausbrüche von Listeriose selten sind, aber für die Betroffenen schwerwiegende Folgen haben können. Daher ist es für Lebensmittelunternehmen und Gesundheitsbehörden wichtig, die Risiken einer Ansteckung mit Listerien weiterhin zu überwachen und Maßnahmen zu ergreifen, um diese zu minimieren.

Diese Lebensmittelkrisen haben die Schwachstellen der Lebensmittelsysteme aufgedeckt und zu höheren Standards geführt, um die Lebensmittelsicherheit zu gewährleisten. Diese Krisen führten auch zu einem stärkeren Bewusstsein für die Bedeutung der Lebensmittelsicherheit für die öffentliche Gesundheit und veranlassten Regierungen und internationale Organisationen, Maßnahmen zur Stärkung der Systeme zur Überwachung und Rückverfolgbarkeit von Lebensmitteln zu ergreifen.

Andere Krankheitserreger

Es gibt viele andere Krankheitserreger, die Lebensmittelkrankheiten verursachen können, wie Salmonella, E. coli, Staphylococcus aureus und Norovirus.

Salmonella ist eine Gattung von Bakterien, die bei Menschen und Tieren Magen-Darm-Infektionen verursachen kann. Zu den Symptomen können Fieber, Erbrechen, Durchfall und Bauchschmerzen gehören. Die Salmonellose wird häufig durch den Verzehr von kontaminierten Lebensmitteln übertragen, wie z. B. rohe oder unzureichend gekochte Eier, rohes oder unzureichend gekochtes Fleisch oder nicht pasteurisierte Milchprodukte.

E. coli ist ein Bakterium, das normalerweise im Darm von Tieren und Menschen vorkommt. Einige Stämme von E. coli können Infektionen verursachen, darunter Harnwegsinfektionen und 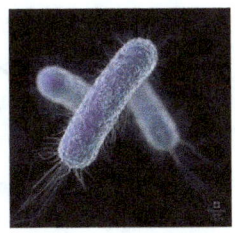 Durchfallinfektionen. Zu den Symptomen können Durchfall, Bauchkrämpfe und Fieber gehören. Eine Ansteckung kann durch den Verzehr kontaminierter Lebensmittel erfolgen, wie z. B. rohes oder unzureichend gegartes Fleisch, rohes, schlecht gewaschenes Gemüse oder nicht pasteurisierte Milchprodukte.

Staphylococcus aureus ist ein Bakterium, das Hautinfektionen und Lebensmittelinfektionen verursachen kann. Zu den Symptomen einer 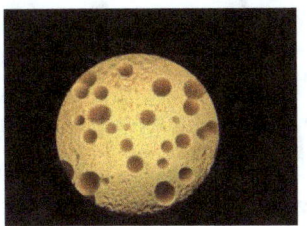 Lebensmittelinfektion können Fieber, Erbrechen, Durchfall und Bauchschmerzen gehören. Eine Ansteckung kann durch den Verzehr kontaminierter Lebensmittel erfolgen, z. B. durch falsch gehandhabte oder falsch gelagerte Lebensmittel, insbesondere Lebensmittel, die über einen längeren Zeitraum bei Raumtemperatur aufbewahrt wurden.

Das Norovirus ist ein Virus, das Gastroenteritis verursachen kann. Zu den Symptomen gehören Durchfall, Erbrechen und 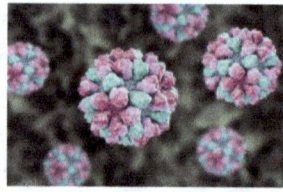 Fieber. Es wird in der Regel durch verunreinigte Lebensmittel oder Wasser oder durch engen Kontakt mit einer infizierten Person übertragen.

Fälle von lebensmittelbedingten Krankheiten, die mit diesen Krankheitserregern in Verbindung stehen, sind häufig und können für die Betroffenen schwerwiegende Folgen haben. Beispielsweise wurde 2011 in den USA ein Salmonellenausbruch gemeldet, der mit kontaminierten Eiern in Verbindung gebracht wurde und zu mehr als 1500 Krankheitsfällen und zwei Todesfällen führte. Im Jahr 2018 wurde in den USA ein E. coli-Ausbruch im Zusammenhang mit Kopfsalat gemeldet, der mehr als 200 Krankheitsfälle und fünf Todesfälle verursachte. 2018 wurde in Europa eine Norovirus-Infektion in Verbindung mit Meeresfrüchten gemeldet, der mehrere Krankenhausaufenthalte verursachte. Es ist wichtig zu beachten, dass Krankheitserreger in einer Vielzahl von Lebensmitteln vorkommen können und dass Lebensmittelunternehmen und Gesundheitsbehörden weiterhin überwachen und Maßnahmen ergreifen müssen, um das Risiko einer Kontamination zu minimieren.

Die jüngsten Beispiele sind Buitoni (E. coli) und Ferrero (Salmonellen).

Weitere Beispiele, die das potenzielle Risiko aufzeigen:

Im Jahr 2018 wurde ein Salmonellenausbruch in den USA mit kontaminierten Eiern in Verbindung gebracht, die von einem Bauernhof im Bundesstaat North Carolina stammten. Die Gesundheitsbehörden ermittelten schnell den Ursprung der Kontamination und ordneten den Rückruf von Millionen von Eiern an, die im ganzen Land verkauft wurden. Verbraucher, die die kontaminierten Eier verzehrt hatten, litten unter Symptomen wie Fieber, Erbrechen, Durchfall und Bauchschmerzen. Dutzende Menschen mussten ins Krankenhaus eingeliefert werden und es gab mehrere Fälle von schweren Komplikationen.

Ethylenoxid

2019 wurde berichtet, dass aus Indien importierte Sesamsamen hohe Mengen an Ethylenoxid enthielten, einem Bleichmittel und Desinfektionsmittel, das häufig in der Lebensmittelindustrie verwendet wird. Ethylenoxid ist ein geruchloses Gas, das als Desinfektions- und Sterilisierungsmittel sowie als Reifungsmittel für bestimmte Obst- und Gemüsesorten verwendet wird. Es wird auch bei der Herstellung von Industriechemikalien wie Lösungsmitteln und Weichmachern verwendet. Es gilt weithin als sicher bei der Verwendung in den entsprechenden Anwendungen, kann aber schädlich sein, wenn es in großen Mengen eingeatmet wird. Die Verwendung dieses Stoffes wurde von der Europäischen Union aufgrund seiner potenziell krebserregenden Wirkung auf den Menschen für Sesamsamen verboten. Diese Entdeckung führte zu Rückrufen von Lebensmitteln, die aus Indien importierte Sesamsamen enthielten, und zu verstärkten Inspektionen von Sesamsamenimporten. Dies zeigt die Schwierigkeiten und Risiken des globalisierten Lebensmittelhandels und die Notwendigkeit wirksamer Rückverfolgbarkeitssysteme, um die Sicherheit der Lebensmittel für die Verbraucher zu gewährleisten.

Weitere Beispiele:

- 2018 ergab eine Untersuchung der Europäischen Behörde für Lebensmittelsicherheit (EFSA), dass in Obst und Gemüse, das nach Europa importiert wurde, hohe Mengen an Rückständen illegaler Pestizide enthalten waren. Diese Rückstände wurden hauptsächlich in Produkten gefunden, die in Asien und Südamerika angebaut wurden, und führten zu Produktrückrufen und

Störungen in den Lieferketten für Obst und Gemüse.

- 2011 ergab eine Untersuchung der US-Behörden für Lebensmittelsicherheit, dass in Lebensmittelgeschäften in den USA bleihaltige Lebensmittel verkauft wurden. Bei den fraglichen Produkten handelte es sich hauptsächlich um aus Mexiko importiertes Chilipulver, das getestet wurde und hohe Bleikonzentrationen aufwies. Aufgrund dieses Befundes zogen die US-Behörden für Lebensmittelsicherheit diese Produkte sofort aus den Lebensmittelgeschäften zurück und warnten die Verbraucher davor, sie zu verzehren. Die für den Vertrieb dieser Produkte verantwortlichen Unternehmen wurden ebenfalls beschuldigt, die Gesundheit der Verbraucher gefährdet zu haben. Die Untersuchungen ergaben, dass die Kontamination auf den Einsatz von bleihaltigen Pestiziden zurückzuführen war, die auf den Feldern, auf denen diese Chilischoten angebaut wurden, verwendet wurden.

Kapitel 4: Das moderne Zeitalter der Lebensmittelsicherheit

Wie Informations- und Kommunikationstechnologien, Rückverfolgbarkeitssysteme und internationale Vorschriften in den letzten Jahrzehnten zur Verbesserung der Lebensmittelsicherheit eingesetzt wurden.

Mit dem Aufkommen moderner Technologien haben sich die Systeme der Lebensmittelsicherheit in den letzten Jahrzehnten erheblich weiterentwickelt und sind effizienter und effektiver geworden. Informations- und Kommunikationstechnologien, Rückverfolgbarkeitssysteme und internationale Vorschriften wurden alle zur Verbesserung der Lebensmittelsicherheit eingesetzt.

Die Informations- und Kommunikationstechnologien (IKT) haben die Entwicklung effektiverer Systeme zur Überwachung und Rückverfolgbarkeit von Lebensmitteln ermöglicht. Beispielsweise können Barcodes und RFID-Technologien (Radio Frequency Identification) verwendet werden, um Lebensmittel in jeder Phase der Lieferkette von der Produktion bis zum Vertrieb zu verfolgen. Supply-Chain-Management-Systeme (SCM) können auch verwendet werden, um Daten über Rohstoffe, Fertigprodukte und Produktionsinformationen zu sammeln und auszutauschen. Echtzeit-Überwachungssysteme können genutzt werden, um potenzielle Risiken für die Lebensmittelsicherheit zu erkennen und diese schnell den zuständigen Behörden zu melden. Schließlich können Verbraucher über soziale Netzwerke und Smartphone-Apps Probleme mit der Lebensmittelsicherheit melden und Produktinformationen austauschen.

Die Blockchain-Technologie könnte zur Verbesserung der Lebensmittelsicherheit eingesetzt werden, indem sie eine Echtzeit-Rückverfolgung von Lebensmitteln über die gesamte Lieferkette hinweg ermöglicht. Dies würde es Verbrauchern und Behörden ermöglichen, Lebensmittel von der Quelle bis zur Verkaufsstelle zu verfolgen, was die schnelle Erkennung von Problemen bei der Lebensmittelsicherheit und die Einführung wirksamer Kontrollmaßnahmen erleichtern würde. Die Blockchain-Technologie könnte auch genutzt werden, um Informationen über Landwirtschafts- und Tierhaltungspraktiken, Inspektionen und Sicherheitstests aufzuzeichnen und so die Einhaltung der Standards für Lebensmittelsicherheit zu gewährleisten. Darüber hinaus könnte die Blockchain-Technologie auch zur Automatisierung von

Zertifizierungs- und Verifizierungsprozessen eingesetzt werden, wodurch menschliche Fehler vermieden und die Wirksamkeit von Qualitätskontrollen verbessert werden könnten.

Die Rolle der Regierungen

Die Regierungen organisieren sich auf verschiedene Weise, um die Sicherheit von Lebensmitteln zu gewährleisten. Eine der wichtigsten Möglichkeiten ist die Festlegung von Lebensmittelvorschriften und -standards, die die Kriterien für die Qualität und Sicherheit von Lebensmitteln definieren. Diese Vorschriften werden in der Regel von den Gesundheitsministerien oder den Lebensmittelinspektionsbehörden eingeführt, die für die Überwachung und Durchsetzung dieser Standards verantwortlich sind.

Regierungen können auch Systeme zur Rückverfolgbarkeit einrichten, damit Lebensmittel durch den gesamten Produktions-, Verarbeitungs- und Vertriebsprozess verfolgt werden können. Dadurch können die Behörden die Quellen einer Lebensmittelkontamination schnell lokalisieren und die Ausbreitung von Krankheiten eindämmen.

Die Regierungen können auch in die Erforschung von lebensmittelbedingten Krankheiten und deren Prävention investieren. Es werden Forschungszentren für lebensmittelbedingte Krankheiten eingerichtet, die Krankheitserreger und Methoden zur Erkennung, Vorbeugung und Bekämpfung erforschen.

Schließlich können Regierungen internationale Vereinbarungen treffen, um die Sicherheit von Lebensmitteln zu gewährleisten, wie z. B. die Mitgliedschaft in internationalen Organisationen, die das Mandat haben, Lebensmittel zu regulieren und zu überwachen, wie die Ernährungs- und Landwirtschaftsorganisation der Vereinten Nationen (FAO) oder die Weltgesundheitsorganisation (WHO).

Die Unternehmen in der Lieferkette, darunter Erzeuger, Verarbeiter, Vertriebsunternehmen und Einzelhändler, sind ebenfalls dafür verantwortlich, diese Vorschriften einzuhalten und Programme zur Lebensmittelsicherheit einzuführen, um Gesundheitsrisiken zu verhindern. Die Akteure der Lieferkette arbeiten zusammen, um die Qualität der Lebensmittel auf jeder Stufe der Lieferkette zu gewährleisten. Vorschriften können Anforderungen an die Rückverfolgbarkeit von Lebensmitteln beinhalten, um ein schnelles Eingreifen bei Problemen zu ermöglichen, sowie Überwachungsprogramme, um Probleme mit der Lebensmittelsicherheit frühzeitig zu erkennen. Im Falle einer Lebensmittelkrise verfügen die Regierungen über Reaktionspläne, um die Krise zu bewältigen und die Verbraucher zu schützen.

Die Europäische Union

Die europäische Gesetzgebung zur Lebensmittelsicherheit ist komplex und umfasst mehrere Verordnungen und Richtlinien. Die Grundlage der europäischen Gesetzgebung zur Lebensmittelsicherheit ist die Allgemeine Verordnung über Lebensmittelsicherheit, die 2002 verabschiedet wurde und 2003 in Kraft trat. Sie legt die allgemeinen Anforderungen fest, um die Sicherheit von Lebensmitteln zu gewährleisten, einschließlich der Anforderungen an Hygiene, Kennzeichnung, Rückverfolgbarkeit und Meldung von Vorfällen. Sie wurde 2013 überarbeitet, um die Anforderungen an die Lebensmittelsicherheit zu erhöhen.

Darüber hinaus gibt es zahlreiche weitere Verordnungen und Richtlinien, die spezifische Aspekte der Lebensmittelsicherheit regeln, wie z. B. Vorschriften über Lebensmittelzusatzstoffe, gentechnisch veränderte Lebensmittel, biologische Produkte, Vorschriften über Kontaminanten und Vorschriften über Risiken für die menschliche Gesundheit durch Lebensmittel.

Die nationalen Behörden für Lebensmittelsicherheit sind dafür zuständig, die europäischen Rechtsvorschriften zur Lebensmittelsicherheit in ihrem jeweiligen Land zu überwachen und durchzusetzen und mit den europäischen Behörden zusammenzuarbeiten, um eine wirksame Umsetzung der Rechtsvorschriften zu gewährleisten. Die Lebensmittelunternehmen sind ebenfalls dafür verantwortlich, die Gesetze einzuhalten und wirksame Lebensmittelsicherheitssysteme einzurichten, um die Sicherheit der von ihnen hergestellten und verkauften Lebensmittel zu gewährleisten.

Schweiz

Die Struktur der Schweizer Gesetzgebung zur Lebensmittelsicherheit ist ähnlich wie die der Europäischen Union, mit mehreren Regierungsstellen und Agenturen, die für verschiedene Aspekte der Regulierung zuständig sind.

Auf Bundesebene ist die für die Lebensmittelsicherheit zuständige Behörde das Bundesamt für Lebensmittelsicherheit und Veterinärwesen (BLV). Es ist für die Regulierung der Produktion, der Verarbeitung, des Vertriebs und des Verbrauchs von Lebensmitteln, Veterinärprodukten und tierischen Lebensmitteln zuständig. Außerdem ist es für die Überwachung und Umsetzung nationaler und internationaler Vorschriften und Standards im Bereich der Lebensmittelsicherheit zuständig.

Auch die Schweizer Kantone haben ihre eigenen Lebensmittelüberwachungsbehörden, die für die Umsetzung der Bundesvorschriften in der Region verantwortlich sind. Auch Lebensmittelunternehmen müssen die von den kantonalen und eidgenössischen Behörden erlassenen Standards zur Lebensmittelsicherheit einhalten und werden regelmäßig auf ihre Einhaltung hin überprüft.

Darüber hinaus hat die Schweiz auch ein Rückverfolgbarkeitssystem für Lebensmittel eingeführt, das es ermöglicht, Lebensmittel in allen Phasen der Lieferkette von der Produktion bis zum Vertrieb zu verfolgen. Dies ermöglicht es den Behörden, potenziell gefährliche Produkte schnell zu identifizieren und aus dem Verkehr zu ziehen.

Im Zusammenhang mit den Verbesserungen der Vorschriften und den steigenden Anforderungen ist es an der Zeit, über Qualitätsmanagementsysteme zu sprechen.

Qualitätsmanagement

Ein modernes Qualitätsmanagement ist ein System, mit dem sichergestellt wird, dass Produkte und Dienstleistungen den Anforderungen der Kunden und den gesetzlichen Standards entsprechen. Es umfasst Prozesse zur Planung, Umsetzung, Überwachung, Bewertung und kontinuierlichen Verbesserung der

Qualität. Es beruht auf Grundsätzen wie Risikobewusstsein, Einbeziehung aller Mitarbeiter, kontinuierliche Verbesserung und Kundenzufriedenheit. Es nutzt Instrumente wie die ISO 9001-Normen, interne und externe Audits, Leistungsindikatoren und Kundenbefragungen, um diese Ziele zu erreichen.

ISO-Normen (International Organization for Standardization) sind internationale Standards, die Anforderungen für verschiedene Produkte, Dienstleistungen und Systeme festlegen. Diese Normen werden von internationalen technischen Komitees ausgearbeitet und von den nationalen Mitgliedsorganisationen der ISO verabschiedet. ISO-Normen decken ein breites Spektrum an Themen ab, darunter Qualitätsmanagementsysteme, Lebensmittelsicherheit, Umwelt, Energie, Informationstechnologie und Innovationstechnologien. Sie sollen den Handel durch die Festlegung gemeinsamer Normen für Produkte und Dienstleistungen erleichtern und dazu beitragen, die Qualität und Sicherheit von Produkten und Dienstleistungen zu verbessern.

ISO 9001 ist eine internationale Norm für das Qualitätsmanagement, die die Anforderungen an ein Qualitätsmanagementsystem in einer Organisation festlegt. Die Norm wurde von der Internationalen Organisation für Normung (ISO) entwickelt und wird verwendet, um Unternehmen bei der Verbesserung ihrer Qualität und Effizienz zu unterstützen. Sie basiert auf einem kontinuierlichen Verbesserungsprozess und soll die Kundenzufriedenheit erhöhen, indem sichergestellt wird, dass die Produkte und Dienstleistungen den Bedürfnissen und Anforderungen der Kunden entsprechen. Unternehmen können eine Zertifizierung nach ISO 9001 beantragen, um zu zeigen, dass sie die Anforderungen dieser Norm erfüllen.

Interne und externe Audits sind Prozesse zur Überprüfung der Einhaltung, mit denen sichergestellt werden soll, dass die Normen, Richtlinien und Verfahren eines Unternehmens eingehalten werden. Interne Audits werden von den Mitarbeitern des Unternehmens selbst durchgeführt, während externe Audits von unabhängigen Stellen durchgeführt werden. Interne und externe Audits können Bereiche wie Qualität, Sicherheit, Umwelt und Einhaltung gesetzlicher Vorschriften abdecken. Sie können auch physische Inspektionen von Anlagen und Ausrüstungen, die Durchsicht von Dokumenten und Befragungen von Mitarbeitern umfassen. Die Ergebnisse der Audits werden verwendet, um Lücken und potenzielle Verbesserungen in den Systemen und Prozessen des Unternehmens zu ermitteln, die Einhaltung gesetzlicher Vorschriften zu bewerten und die Sicherheit der angebotenen Produkte zu gewährleisten.

Leistungsindikatoren sind Messgrößen, die zur Bewertung der Leistung eines Systems oder einer Organisation verwendet werden. Sie können zur Messung von Aspekten wie Qualität, Produktivität, Kosten, Zeit und Kundenzufriedenheit verwendet werden. Leistungsindikatoren dienen auch dazu, den Fortschritt einer Organisation bei der Erreichung ihrer kurz- und langfristigen Ziele zu verfolgen und Bereiche zu identifizieren, in denen Verbesserungen notwendig sind. Durch die Verwendung relevanter Leistungsindikatoren können Organisationen ihre Leistung objektiv bewerten und fundierte Entscheidungen treffen, um ihre Gesamtleistung zu verbessern.

Das Qualitätsmanagement wird häufig mit anderen Managementsystemen wie dem für Lebensmittelsicherheit (HACCP) oder Umwelt (ISO 14001) verknüpft, um einen ganzheitlichen Ansatz für das Risiko- und Leistungsmanagement zu gewährleisten.

HACCP (Hazard Analysis and Critical Control Points) ist ein Qualitätsmanagementsystem, das ursprünglich entwickelt wurde, um die Lebensmittelsicherheit in der Lebensmittelindustrie zu gewährleisten. Es beruht auf der Analyse potenzieller Risiken für die Lebensmittelsicherheit in allen Phasen des Produktionsprozesses, vom Rohstoff bis zur Endverpackung. Das HACCP-System basiert auf sieben

Schlüsselprinzipien: Gefahrenuntersuchung, Gefahrenkontrolle, Festlegung kritischer Grenzwerte, Überwachung, Verifizierung, Korrekturmaßnahmen sowie Aufzeichnung und Dokumentation.

Während der Gefahrenanalyse werden alle potenziellen Risiken für die Lebensmittelsicherheit identifiziert und bewertet. Anschließend werden die wichtigsten Schritte des Produktionsprozesses identifiziert und die kritischen Grenzwerte für jede potenzielle Gefahr festgelegt. Diese kritischen Grenzwerte sind spezifische Schwellenwerte, bei deren Überschreitung die Risiken für die Lebensmittelsicherheit unannehmbar werden.

Bei der Überwachung werden die Prozesse regelmäßig überprüft, um sicherzustellen, dass sie die festgelegten kritischen Grenzwerte einhalten. Wenn eine kritische Grenze überschritten wird, müssen sofort Korrekturmaßnahmen eingeleitet werden, um das Problem zu beheben und eine Kontamination von Lebensmitteln zu verhindern. Aufzeichnungen und Dokumentationen sind wichtig, um zu beweisen, dass das HACCP-System wirksam ist, und um eine kontinuierliche Überwachung der Prozesse zu ermöglichen.

Zusammenfassend lässt sich sagen, dass das HACCP-System ein Qualitätsmanagementsystem ist, mit dem potenzielle Risiken für die Lebensmittelsicherheit auf allen Stufen der Lebensmittelproduktion identifiziert und gemanagt werden können. Es wird in der Lebensmittelindustrie weit verbreitet eingesetzt, um die Lebensmittelsicherheit zu gewährleisten, und wird auch von Gesundheitsbehörden und internationalen Normen und Standards anerkannt.

ISO 14000 ist eine Reihe von internationalen Normen für das Umweltmanagement. Diese Normen bieten einen Rahmen für die Entwicklung von Umweltmanagementsystemen (UMS), die Organisationen dabei helfen, die Umweltauswirkungen ihrer Tätigkeiten, Produkte oder Dienstleistungen zu ermitteln und zu verwalten. Die ISO 14000-Normen decken ein breites Spektrum an Themen ab, wie z. B. Abfallmanagement, Energieverbrauch, Luftemissionen, Wassermanagement und Schutz der biologischen Vielfalt. Organisationen können sich nach diesen Normen zertifizieren lassen, um zu zeigen, dass sie wirksame Systeme zur Bewältigung ihrer Umweltauswirkungen eingerichtet haben.

Die natürliche Entwicklung von Qualitätsmanagementsystemen ist die Hinwendung zu TQM. Total Quality Management (TQM) ist ein umfassender Ansatz für das Qualitätsmanagement, der darauf abzielt, alle Mitarbeiter eines Unternehmens in die kontinuierliche Verbesserung von Prozessen und Produkten einzubeziehen. Es beruht auf der Idee, dass alle

Mitarbeiter unabhängig von ihrer Hierarchieebene zur Verbesserung der Qualität des Unternehmens beitragen können.

Es gibt mehrere Gründe, warum ein Unternehmen einen TQM-Ansatz verfolgen möchte:

- Höhere Kundenzufriedenheit: Indem alle Mitarbeiter in die kontinuierliche Verbesserung von Produkten und Prozessen einbezogen werden, kann das Unternehmen die Bedürfnisse seiner Kunden besser verstehen und versuchen, sie auf effiziente Weise zu erfüllen.

- Steigerung der Effizienz und Produktivität: Durch die Einführung standardisierter Prozesse und die Eliminierung von Verschwendung kann das Unternehmen seine Effizienz und Produktivität steigern.

- Kostensenkung: Durch die Identifizierung und Beseitigung von Quellen für Verschwendung und Ineffizienz kann ein Unternehmen seine Produktionskosten senken.

- Verbesserung der Qualität von Produkten und Dienstleistungen: Durch die Einführung kontinuierlicher Verbesserungsprozesse kann das Unternehmen sicherstellen, dass seine

Produkte und Dienstleistungen hohe Qualitätsstandards erfüllen.

Um ein TQM-System einzuführen, kann ein Unternehmen zunächst die Schlüsselprozesse seines Geschäfts identifizieren, Leistungsindikatoren für jeden dieser Prozesse festlegen und Prozesse zur Überwachung und Verbesserung dieser Indikatoren einrichten. Es ist wichtig, im Unternehmen eine Kultur der kontinuierlichen Verbesserung zu schaffen und den Mitarbeitern die Ziele und Ergebnisse klar zu vermitteln. Es ist auch wichtig, die Mitarbeiter zu ermutigen, Ideen zur Verbesserung der Prozesse vorzuschlagen, und sie für ihre Teilnahme zu belohnen.

Eine der größten Herausforderungen im Bereich der Lebensmittelsicherheit ist die Analyse und das Management von Risiken in der Lieferkette. Die Supply-Chain-Risikoanalyse ist ein Prozess, der darauf abzielt, potenzielle Risiken für die Lebensmittelsicherheit entlang der Lieferkette zu identifizieren. Sie ermöglicht es den Unternehmen, Maßnahmen zu ergreifen, um diese Risiken zu minimieren und die Lebensmittelsicherheit für die Verbraucher zu gewährleisten.

Es gibt verschiedene Methoden zur Durchführung einer Supply-Chain-Risikoanalyse, aber ein häufig verwendeter Ansatz ist die Methode der Schwachstellen- und Kritikalitätsanalyse (AVC). Bei dieser Methode werden Schwachstellen oder Verwundbarkeiten in der Lieferkette ermittelt und dann die Kritikalität dieser Verwundbarkeiten anhand der Wahrscheinlichkeit ihres Auftretens und der Auswirkungen auf die Lebensmittelsicherheit bewertet.

Sobald die potenziellen Risiken identifiziert sind, können die Unternehmen anschließend Aktionspläne zur Minimierung dieser Risiken entwickeln, wie z. B. die Einführung von Programmen zur Qualitätsüberwachung und -kontrolle, die Schulung von Mitarbeitern, die Einführung von Verfahren zur Lebensmittelsicherheit, den Aufbau vertrauensvoller Beziehungen zu Lieferanten, die Einführung von Rückverfolgbarkeitssystemen und die Erstellung von Kommunikationsprotokollen für den Fall eines Zwischenfalls.

Es ist wichtig zu beachten, dass die Risikoanalyse der Lieferkette ein kontinuierlicher Prozess sein muss, da sich die Risiken im Laufe der Zeit ändern und neue Risiken auftreten können. Unternehmen sollten daher regelmäßig eine Neubewertung der potenziellen Risiken vornehmen und ihre Aktionspläne entsprechend aktualisieren.

Globalisierung und Harmonisierung von Standards

Aufgrund der Globalisierung der Märkte wird ein starker Fokus auf die Harmonisierung von Qualitätsstandards auf internationaler Ebene gelegt.

Das Consumer Goods Forum (CGF) ist ein Think-Tank, der Unternehmen aus dem Bereich der Konsumgüterindustrie zusammenbringt. Es wurde 2010  gegründet, um auf die Herausforderungen der globalen Ernährungssicherheit zu reagieren. Die Mitglieder des CGF stellten fest, dass die Systeme zur Lebensmittelsicherheit fragmentiert und ineffizient waren, und beschlossen daher, das GFSI zu gründen, um die globale Lebensmittelsicherheit durch die Einführung international anerkannter Qualitätsstandards für Managementsysteme zur Lebensmittelsicherheit zu verbessern. Dadurch können Unternehmen sicherstellen, dass die von ihnen hergestellten oder vertriebenen Lebensmittel für die Verbraucher überall auf der Welt sicher sind.

Die Global Food Safety Initiative (GFSI) ist eine gemeinnützige Organisation, die im  Jahr 2000 von einer Koalition führender Unternehmen der globalen Lebensmittelindustrie gegründet wurde. Ihr Ziel ist es, die Lebensmittelsicherheit weltweit zu verbessern, indem sie Qualitätsstandards für Managementsysteme für Lebensmittelsicherheit festlegt. Es ermutigt Unternehmen, international anerkannte Qualitätsmanagementsysteme einzuführen, um die Sicherheit der von ihnen hergestellten oder vertriebenen Lebensmittel zu gewährleisten.

Die GFSI entwickelt selbst keine Standards, sondern erkennt vielmehr bestehende Qualitätsmanagementsysteme an, bei denen festgestellt wurde, dass sie den GFSI-Anforderungen entsprechen. Zu den von der GFSI anerkannten Qualitätsmanagementsystemen gehören internationale Standards wie das Managementsystem für Lebensmittelsicherheit (IFS), das British Retail Consortium (BRC) und das GlobalGAP.

Die GFSI fördert außerdem die Zusammenarbeit zwischen den verschiedenen Akteuren der Lebensmittelversorgungskette, einschließlich Produzenten, Verarbeitern, Vertriebsunternehmen und Einzelhändlern, um die Lebensmittelsicherheit zu gewährleisten. Es fördert auch die aktive Beteiligung von Regierungen und Organisationen für Lebensmittelsicherheit, um die Bemühungen der Industrie zur Verbesserung der Lebensmittelsicherheit zu unterstützen.

Die GFSI will zur Verbesserung der Lebensmittelsicherheit beitragen, indem es Qualitätsstandards für Managementsysteme für Lebensmittelsicherheit festlegt, die Einführung international anerkannter Qualitätsmanagementsysteme fördert und die Zusammenarbeit zwischen den verschiedenen Akteuren der Lebensmittelversorgungskette vorantreibt.

Zu den von der GFSI anerkannten Standards gehören die Standards IFS (International Featured Standards), FSSC22000 (Food Safety Certification System), SQFI (Safe Quality Food Institute) und BRC (British Retail Consortium). Diese Standards decken alle Aspekte der Lebensmittelsicherheit ab, von der Qualität der Rohstoffe über die Herstellung bis hin zum Vertrieb und Verkauf der Endprodukte. Unternehmen, die diese Standards erfüllen, müssen ein strenges Qualitätsmanagementsystem einrichten und ihr System regelmäßig unabhängigen Audits unterziehen, um sicherzustellen, dass sie die Anforderungen des Standards erfüllen.

IFS (International Featured Standards) ist ein Zertifizierungsstandard für Qualitäts- und Lebensmittelsicherheitssysteme in der Lebensmittelindustrie. Er wurde 2002 von  Lebensmittelunternehmen in Deutschland, Frankreich und Italien entwickelt, um die Anforderungen der großen Einzelhandelsunternehmen an die Lebensmittelqualität und -sicherheit zu erfüllen. Er wird zur Bewertung von Lebensmittellieferanten angewendet und ist in der EU und in anderen Teilen der Welt populär geworden. Er deckt Bereiche wie Produktqualität, Lebensmittelsicherheit, soziale und ökologische Verantwortung ab.

Der BRC-Standard (British Retail Consortium) ist ein vom britischen  Einzelhandelskonsortium entwickelter Standard zur Lebensmittelsicherheit für Unternehmen, die Lebensmittel herstellen, verarbeiten und vertreiben. Er soll die Qualität und Sicherheit von Lebensmitteln für die Verbraucher gewährleisten, indem er Anforderungen für die Einführung wirksamer Qualitäts- und Lebensmittelsicherheitsmanagementsysteme festlegt. Unternehmen können sich nach diesem Standard zertifizieren lassen, nachdem sie ein Audit durch eine akkreditierte Zertifizierungsstelle bestanden haben. BRC hat sich zu einem weltweit anerkannten Standard entwickelt, der von Unternehmen in vielen Ländern und Branchen angewendet wird.

FSSC 22000 ist ein Managementsystem für Lebensmittelsicherheit, das von der FSSC (Foundation for Food Safety Certification) entwickelt wurde. Es basiert auf den ISO 22000-Normen für Lebensmittelsicherheit und der  technischen Norm PAS 220 für spezifische Anforderungen im Zusammenhang mit der Lebensmittelsicherheit für Unternehmen in der Lebensmittelindustrie. ISO 22000 ist eine internationale Norm, die die Anforderungen an ein Managementsystem für Lebensmittelsicherheit festlegt. Sie wurde von der Internationalen Organisation für Normung (ISO) entwickelt. PAS 220 ist eine Norm für ein Managementsystem für Lebensmittelsicherheit für Lieferanten von vorverpackten Lebensmitteln.

SQFI (Safe Quality Food Institute) ist eine gemeinnützige Organisation, die 1997 gegründet wurde. Es  ist bekannt für sein Zertifizierungsprogramm Safe Quality Food (SQF).

Kapitel 5: Aktuelle und zukünftige Herausforderungen

Wie die Bedenken in Bezug auf den Klimawandel, das Bevölkerungswachstum und die Globalisierung weiterhin Herausforderungen für die Gewährleistung der Lebensmittelsicherheit darstellen und welche Anstrengungen unternommen werden, um diese Herausforderungen zu bewältigen.

Trotz der Fortschritte, die in den letzten Jahrzehnten bei der Ernährungssicherheit erzielt wurden, gibt es weiterhin viele Herausforderungen, um sicherzustellen, dass alle Menschen Zugang zu gesunden und sicheren Lebensmitteln haben. Bedenken hinsichtlich des Klimawandels, des Bevölkerungswachstums und der Globalisierung stellen weiterhin Herausforderungen für die Gewährleistung der Nahrungsmittelsicherheit dar.

Der Klimawandel wirkt sich auf die Nahrungsmittelproduktion aus, indem er die Wetterbedingungen verändert und extreme Wetterereignisse wie Dürren und Überschwemmungen verursacht. Diese Ereignisse können zu einer geringeren Nahrungsmittelproduktion und zu Störungen in den Lieferketten führen, was wiederum Nahrungsmittelknappheit und höhere Preise zur Folge haben kann. Im 21. Jahrhundert stellt der Klimawandel weiterhin eine Herausforderung für die Gewährleistung der Ernährungssicherheit dar. Extreme Wetterereignisse wie Überschwemmungen und Dürren können Nutzpflanzen schädigen und die Ernte verringern, während Stürme und Hurrikane die Infrastruktur zerstören und Lieferketten unterbrechen können. Der Klimawandel kann auch die Ausbreitung von Krankheiten und Schädlingen begünstigen, was sich auf Nutzpflanzen und Tiere auswirken kann. Es ist wichtig, weiterhin in Lösungen zur Abschwächung und Anpassung an den Klimawandel zu investieren, um langfristig die Ernährungssicherheit zu gewährleisten.

Das Wachstum der Weltbevölkerung lässt die Nachfrage nach Nahrungsmitteln weiter steigen, während Ackerland immer knapper wird. Um diese steigende Nachfrage zu befriedigen, müssen die Nahrungsmittelsysteme modernisiert werden, um die Effizienz der Nahrungsmittelproduktion zu steigern. Dies kann nachhaltige Landwirtschaftstechniken wie biologische Landwirtschaft, konservierende Landwirtschaft und Agroforstwirtschaft umfassen, die die Erträge maximieren und gleichzeitig die Umwelt schützen. Es kann auch Technologien wie gentechnisch veränderte Kulturen (GVO) umfassen, die die Resistenz gegen Krankheiten und Schädlinge erhöhen, den Bedarf an Betriebsmitteln senken und die Erträge steigern können. Diese Technologien können für Landwirte in

Entwicklungsländern erhebliche Vorteile bieten, doch ist es wichtig, sie verantwortungsvoll einzusetzen und Bedenken hinsichtlich der Biosicherheit und der Rechte der Landwirte zu berücksichtigen.

Darüber hinaus hat die Globalisierung auch zu einer Beschleunigung der Lebensmittelproduktionsprozesse geführt, wodurch sich das Risiko einer Lebensmittelkontamination erhöht hat. Aufgrund der zunehmenden Komplexität der Lebensmittelversorgungsketten ist es schwieriger geworden, Lebensmittel zurückzuverfolgen und Probleme schnell zu erkennen. Die Lebensmittelkrisen der letzten Jahre, wie die Dioxinverseuchung von Eiern im Jahr 2011 oder die Verseuchung von Pferdefleisch im Jahr 2013, haben die Risiken der Globalisierung aufgezeigt und die Notwendigkeit strengerer Vorschriften und Überwachungssysteme hervorgehoben, um die Lebensmittelsicherheit der Verbraucher zu gewährleisten.

Eine große Herausforderung ist der Lebensmittelbetrug. Food Fraud oder Lebensmittelbetrug ist ein wachsendes Phänomen, bei dem Verbraucher durch den Verkauf von minderwertigen, gefälschten oder verfälschten Lebensmitteln getäuscht werden. Dazu können Praktiken wie das Hinzufügen von illegalen Substanzen oder Nebenprodukten zu Lebensmitteln, der Austausch von minderwertigen Zutaten, Etikettenfälschung oder

der Verkauf von abgelaufenen Lebensmitteln gehören. Die Folgen von Lebensmittelbetrug können schwerwiegend sein und reichen vom Verlust des Vertrauens der Verbraucher in Marken und Produkte bis hin zu Risiken für die öffentliche Gesundheit durch Kontamination oder nicht deklarierte Allergien.

Das Risiko für die Lebensmittelsicherheit durch Informationsverschleppung entsteht, wenn Unternehmen oder Einzelpersonen absichtlich Informationen über die von ihnen hergestellten, vertriebenen oder verkauften Lebensmittel verbergen. Dazu können die Verwendung minderwertiger Zutaten, fragwürdige Hygienepraktiken oder Produktionsmethoden gehören, die nicht den Standards der Lebensmittelsicherheit entsprechen. Wenn diese Informationen nicht aufgedeckt werden, können die Verbraucher Gesundheitsrisiken ausgesetzt sein, einschließlich lebensmittelbedingter Krankheiten. Dies ist eine große Herausforderung und es gibt mittlerweile Methoden zur Risikoanalyse, um potenzielle Verschleierer effektiv zu identifizieren. In der Schweiz führt die Migros eine bahnbrechende Methode ein, um Akteure in der Lieferkette zu identifizieren, die möglicherweise wichtige Informationen zur Lebensmittelsicherheit verheimlichen.

Um diesen Herausforderungen zu begegnen, arbeiten Regierungen, Unternehmen und Organisationen der Zivilgesellschaft zusammen, um die

Lebensmittelsicherheit zu verbessern. Die Bemühungen zielen darauf ab, Überwachungs- und Rückverfolgbarkeitssysteme zu stärken, nachhaltige Produktionsverfahren zu verbessern, in Forschung und Entwicklung zu investieren, um die Lebensmittelproduktion zu verbessern, und den Zugang zu angemessener Ernährung für alle zu verbessern.

Die Rückverfolgbarkeit von Lebensmitteln ist ein Schlüsselelement der Lebensmittelsicherheit, da sie es ermöglicht, Lebensmittel durch alle Stufen der Lieferkette von der Produktion bis zum Verbrauch zu verfolgen. Sie ermöglicht es, Probleme der Lebensmittelsicherheit wie Kontaminationen, Produktrücknahmen und Rückrufaktionen frühzeitig zu erkennen. Sie hilft den Unternehmen auch, die Qualität ihrer Produkte zu verbessern und Kosten zu senken, indem sie Verschwendung und Fehler vermeidet. Auch für die Verbraucher ist die Rückverfolgbarkeit wichtig, denn sie wissen, woher ihre Lebensmittel kommen, und können sich durch den Verzehr sicherer Produkte sicher fühlen. Digitale Technologien wie Blockchain-basierte Rückverfolgbarkeitssysteme, QR-Codes und RFID-Technologien können eingesetzt werden, um die Rückverfolgbarkeit von Lebensmitteln zu verbessern und die Lebensmittelsicherheit zu gewährleisten.

Die Blockchain ist eine verteilte Registertechnologie, mit der Informationen sicher und transparent gespeichert und übertragen werden  können. Ein verteiltes Register ist ein Computersystem, das eine dezentrale Architektur nutzt, um Informationen zu speichern und auszutauschen. Es besteht aus mehreren Knoten, die identische Kopien des Registers enthalten, anstatt nur ein einziges zentrales Exemplar zu haben. Änderungen am Register werden von einer Gemeinschaft von Knoten validiert, anstatt von einer einzigen zentralen Behörde. Diese Architektur ermöglicht größere Transparenz, höhere Zuverlässigkeit und größere Widerstandsfähigkeit gegen Angriffe. Sie wird verwendet, um zuverlässige und fälschungssichere digitale Register zu erstellen, die von allen autorisierten Nutzern eingesehen werden können. Die in einer Blockchain gespeicherten Informationen werden in Blöcken zusammengefasst, die chronologisch miteinander verknüpft sind und so eine Blockkette bilden. Jeder dieser Blöcke enthält Informationen wie Transaktionen oder Identitätsdaten, die mithilfe von kryptografischen Algorithmen verschlüsselt und gesichert werden. Die in einer Blockchain gespeicherten Daten sind unveränderlich, d. h., wenn sie einmal gespeichert wurden, können sie nicht mehr geändert werden.

QR-Codes (Quick Response) sind zweidimensionale Strichcodes, die Informationen wie URLs,  Kontakte, Telefonnummern, E-Mail-Adressen usw. speichern können. Nutzer können ihr Smartphone verwenden, um den QR-Code mithilfe einer QR-Code-Lese-App zu scannen, die sie zu den im Code gespeicherten Informationen weiterleitet. QR-Codes werden häufig verwendet, um Informationen schnell und einfach zugänglich zu machen, indem die Nutzer einen Code scannen, anstatt eine URL oder andere Informationen manuell einzugeben. QR-Codes können auch für die Rückverfolgbarkeit in Lieferketten und anderen Bereichen verwendet werden, um Informationen über Produkte und Produktionsprozesse zu speichern.

RFID-Technologien (Radio Frequency Identification) sind ein Radiofrequenz-Identifikationssystem, bei dem 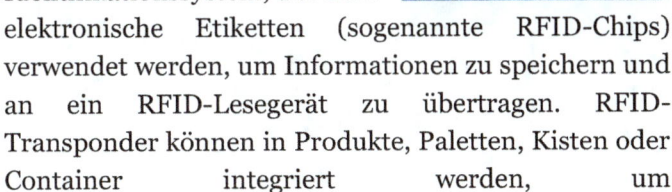 elektronische Etiketten (sogenannte RFID-Chips) verwendet werden, um Informationen zu speichern und an ein RFID-Lesegerät zu übertragen. RFID-Transponder können in Produkte, Paletten, Kisten oder Container integriert werden, um

Identifikationsinformationen aus der Ferne zu verfolgen und nachzuverfolgen. Die Informationen werden über einen Austausch von Funksignalen zwischen dem RFID-Chip und dem Lesegerät übertragen, das die auf dem Chip gespeicherten Informationen auslesen kann. Diese Technologie wird häufig eingesetzt, um die Rückverfolgbarkeit und Effizienz von Lieferketten zu verbessern, insbesondere in den Bereichen Logistik, Fertigung und Vertrieb.

Kapitel 6: Die Herausforderungen der Ernährungssicherheit für Entwicklungsländer

Wie Faktoren wie Armut, unzureichende Infrastruktur, schwache Regulierung und extreme Wetterbedingungen es in Entwicklungsländern schwieriger machen, Ernährungssicherheit zu erreichen. Außerdem werden Beispiele für Programme und Initiativen zur Verbesserung der Ernährungssicherheit in diesen Regionen sowie die besonderen Herausforderungen für lokale Landwirte und Produzenten vorgestellt.

In Entwicklungsländern können sozioökonomische Faktoren, eine begrenzte Infrastruktur und extreme Wetterbedingungen dazu führen, dass die Ernährungssicherheit schwerer zu erreichen ist. Armut ist einer der Hauptfaktoren, der die Bevölkerung anfällig für Ernährungsprobleme wie Unterernährung und ernährungsbedingte Krankheiten macht.

Die Herausforderungen der Ernährungssicherheit für Entwicklungsländer sind zahlreich und vielfältig. Die Systeme zur Überwachung und Regulierung von Lebensmitteln sind möglicherweise weniger entwickelt oder weniger effektiv, die Infrastruktur für die Lagerung und den Transport von Lebensmitteln ist möglicherweise unzureichend und der Zugang zu modernen Technologien für die Lebensmittelproduktion ist eventuell begrenzt. Diese Faktoren können das Risiko einer Kontamination von Lebensmitteln erhöhen und die Reaktion auf Lebensmittelkrisen erschweren.

Darüber hinaus können Entwicklungsländer klimabedingten Risiken wie Dürren und Überschwemmungen stärker ausgesetzt sein, die zu Nahrungsmittelknappheit und Störungen in den Versorgungsketten führen können. Die Landbevölkerung und gefährdete Gruppen, wie Kinder und ältere Menschen, können von diesen Herausforderungen besonders betroffen sein.

Es ist wichtig zu beachten, dass intensive landwirtschaftliche Praktiken, wie der übermäßige Einsatz von Pestiziden und Düngemitteln, in Entwicklungsländern schwerwiegende Folgen für die menschliche Gesundheit und die Umwelt haben können. Landwirte und ländliche Gemeinden können hohen Pestizidmengen ausgesetzt sein, die schwere Krankheiten und bleibende Gesundheitsschäden verursachen können. Pestizide und Düngemittel können auch Böden und Gewässer verschmutzen, was zu erheblichen Schäden an der Artenvielfalt und den Ökosystemen führt. Landwirte und ländliche

Gemeinden können auch finanziellen Risiken ausgesetzt sein, weil sie von diesen intensiven landwirtschaftlichen Praktiken abhängig sind, die mit hohen Kosten verbunden sind.

Daher ist es von entscheidender Bedeutung, Politiken und Programme zu entwickeln, die darauf abzielen, die Systeme zur Ernährungssicherung in Entwicklungsländern zu stärken, indem sie lokale Landwirte unterstützen, den Zugang zu modernen Technologien verbessern und die Kapazitäten zur Überwachung und Reaktion auf Nahrungsmittelkrisen ausbauen.

Zu den Programmen gehören: Programme für nachhaltige Landwirtschaft, Projekte zur Entwicklung des ländlichen Raums, Investitionen in Lager- und Transportinfrastruktur, Ausbildungsprogramme für lokale Landwirte und Produzenten sowie Programme zur Unterstützung des Zugangs zu hochwertigem Saatgut und Betriebsmitteln.

Es gibt viele verschiedene Akteure, die an Initiativen zur Verbesserung der Ernährungssicherheit in Entwicklungsländern beteiligt werden können. Lokale Regierungen spielen eine Schlüsselrolle bei der Festlegung von Vorschriften und der Bereitstellung von Finanzmitteln für Programme zur ländlichen Entwicklung und nachhaltigen Landwirtschaft. NGOs wie Oxfam und Action Against Hunger können ebenfalls eine wichtige Rolle spielen, indem sie Entwicklungsdienstleistungen anbieten und das Bewusstsein der lokalen Gemeinschaften für gesunde Ernährungspraktiken schärfen. Internationale Geldgeber wie die Weltbank und die Europäische Union können diese Initiativen ebenfalls unterstützen, indem sie Finanzmittel bereitstellen und beim Aufbau von Partnerschaften zwischen lokalen Regierungen, NGOs und Privatunternehmen behilflich sind. Es ist wichtig zu beachten, dass diese Bemühungen oft von internationalen Organisationen wie der FAO oder der WHO koordiniert werden, um eine möglichst große Wirkung zu erzielen.

Es ist auch wichtig zu beachten, dass Korruption die Bemühungen zur Verbesserung der Ernährungssicherheit in Entwicklungsländern behindern kann, indem sie Investitionen in Infrastruktur und ländliche Entwicklungsprogramme einschränkt und illegale Handelspraktiken und den Schmuggel von Lebensmitteln begünstigt. Auch Landkonflikte können die Bemühungen zur Verbesserung der Ernährungssicherheit behindern, indem sie den Zugang lokaler Bauern und Produzenten zu Anbauflächen einschränken und Lieferketten unterbrechen. Klimaveränderungen wie Dürren und Überschwemmungen können ebenfalls zu Störungen der Ernten und Erträge führen, wodurch es für die lokale

Bevölkerung schwieriger wird, ihren Grundnahrungsmittelbedarf zu decken.

Gentechnisch veränderte Organismen (GVO) können potenziell Vorteile für die Entwicklungsländer in Bezug auf die Ernährungssicherheit bieten. GV-Pflanzen können gegen Krankheiten und Schädlinge resistent sein, die Erträge steigern und schwierige Anbaubedingungen tolerieren, was dazu beitragen kann, die Ernährungssicherheit in diesen Regionen zu erhöhen. Es gibt jedoch auch Bedenken hinsichtlich der Gesundheits- und Umweltsicherheit bei der Verwendung von GVO sowie ethische und soziale Bedenken im Zusammenhang mit geistigem Eigentum und der Kontrolle von Saatgut. Daher ist es wichtig, die potenziellen Risiken und Vorteile des Einsatzes von GVO in Entwicklungsländern verantwortungsvoll zu bewerten und die besonderen Bedürfnisse dieser Regionen zu berücksichtigen, bevor Entscheidungen über ihren Einsatz getroffen werden.

Kapitel 7: Der Verbraucher als Akteur

In diesem Kapitel wird erörtert, wie Verbraucher sich informieren und fundierte Entscheidungen über Lebensmittel treffen können sowie Initiativen zur Stärkung der Verbraucherbeteiligung bei der Überwachung der Lebensmittelsicherheit. Außerdem werden die Herausforderungen beim Zugang zu zuverlässigen und transparenten Informationen über Lebensmittel und potenzielle Gesundheitsrisiken durch Lebensmittel sowie die Möglichkeiten der Verbraucher, zu einer sichereren und nachhaltigeren Ernährung beizutragen, behandelt.

Die Rolle der sozialen Netzwerke bei der Information der Verbraucher über Ernährungspraktiken und Risiken für die Lebensmittelsicherheit ist in den letzten Jahren immer wichtiger geworden. Die Verbraucher können nun problemlos Informationen über Lebensmittel, Marken und Unternehmen austauschen und diese Informationen nutzen, um fundierte Kaufentscheidungen zu treffen. Soziale Netzwerke haben den Verbrauchern auch die Möglichkeit gegeben, Probleme mit der Lebensmittelsicherheit zu melden und sich an der Überwachung der Lebensmittelsicherheit zu beteiligen. Darüber hinaus können Unternehmen soziale Netzwerke nutzen, um direkt mit den

Verbrauchern zu kommunizieren und Beschwerden im Zusammenhang mit der Lebensmittelsicherheit zu bearbeiten. Dennoch ist es wichtig zu beachten, dass soziale Netzwerke auch genutzt werden können, um falsche Informationen und Gerüchte über Lebensmittel zu verbreiten, daher ist es wichtig, dass die Verbraucher zuverlässige Quellen nutzen, um Informationen über die Lebensmittelsicherheit zu erhalten.

Gesundheitsbehörden und Verbraucherorganisationen spielen eine wichtige Rolle bei der Information der Verbraucher über Fragen der Lebensmittelsicherheit. Diese Organisationen können Berichte über Gesundheitsrisiken veröffentlichen, vor betrügerischen oder potenziell gefährlichen Produkten warnen und Ratschläge dazu geben, wie man als Verbraucher seine Gesundheit schützen kann. Gesundheitsbehörden können auch Lebensmittel regulieren und die Einhaltung von Sicherheitsstandards überwachen, während Verbraucherorganisationen Dienstleistungen wie Produktzertifizierungen oder Einkaufsführer anbieten können. Die Veröffentlichungen dieser Organisationen können über ihre Websites oder über soziale Netzwerke zugänglich gemacht werden. Es ist jedoch wichtig zu beachten, dass diese Informationsquellen auf ihre Zuverlässigkeit und Unparteilichkeit hin überprüft werden müssen.

Die Verbraucher spielen eine wichtige Rolle bei der Verbesserung der Lebensmittelsicherheit, indem sie beim Kauf von Lebensmitteln sachkundige Entscheidungen treffen. Sie können ihre Kaufkraft nutzen, um Produzenten und Händler zu unterstützen, die ökologische und ethische Praktiken anwenden. Verbraucher können auch soziale Netzwerke und Medien nutzen, um Informationen über Lebensmittel und die Unternehmen, die sie verkaufen, auszutauschen, was sich auf die Geschäftspraktiken und die Politik auswirken kann. Verbraucherverbände und Behörden können eine wichtige Rolle dabei spielen, die Verbraucher über Fragen der Lebensmittelsicherheit zu informieren, Produktuntersuchungen durchzuführen und Einkaufsführer zu veröffentlichen, die den Verbrauchern helfen, fundierte Entscheidungen zu treffen. Alles in allem sind Transparenz und Zugang zu Informationen die wichtigsten Instrumente für Verbraucher, um verantwortungsvolle Entscheidungen zu treffen und zu einer gesünderen und sichereren Ernährung für alle beizutragen.

Das Bewusstsein der Verbraucher für Lebensmittelsicherheit ist entscheidend, um sicherzustellen, dass die Lebensmittel, die sie kaufen, sicher und von hoher Qualität sind. Die Verbraucher müssen über die potenziellen Risiken des Verzehrs verunreinigter oder verdorbener Lebensmittel sowie über Maßnahmen zur Vermeidung ernährungsbedingter Krankheiten aufgeklärt werden. Sensibilisierungskampagnen und Bildungsprogramme können bei dieser Bewusstseinsbildung eine wichtige Rolle spielen.

Die Verbraucher haben auch die Macht, sicherere und nachhaltigere Lebensmittel zu fordern, indem sie ihre Präferenz für zertifizierte Produkte aus biologischem Anbau, fairem Handel und nachhaltiger Produktion zum Ausdruck bringen. Verbraucher können auch zur Lebensmittelsicherheit beitragen, indem sie lokale und saisonale Produkte kaufen, die ein geringeres Kontaminationsrisiko aufweisen und in der Regel geringere Auswirkungen auf die Umwelt haben.

Schließlich können die Verbraucher zur Lebensmittelsicherheit beitragen, indem sie potenzielle Probleme der Lebensmittelsicherheit den zuständigen Behörden melden. Die Beteiligung der Verbraucher an der Überwachung der Lebensmittelsicherheit ist entscheidend, um potenzielle Probleme zu erkennen und sie schnell zu lösen, um die Gesundheit der Verbraucher zu schützen.

Es ist wichtig zu beachten, dass die Zusammenarbeit zwischen den verschiedenen Akteuren der Lebensmittelversorgungskette, einschließlich der Verbraucher, von entscheidender Bedeutung ist, um die Lebensmittelsicherheit auf allen Ebenen zu gewährleisten.

Kapitel 8: Lebensmittelallergien, das Übel des 21. Jahrhunderts

Lebensmittelallergien haben in den letzten Jahrzehnten stark zugenommen und sind in vielen Ländern zu einem großen Problem für die öffentliche Gesundheit geworden. Nahrungsmittelallergien treten auf, wenn das Immunsystem einer Person übermäßig auf einen oder mehrere bestimmte Nahrungsmittelbestandteile reagiert.

Die wichtigsten Nahrungsmittelallergene sind Proteine aus bestimmten Lebensmitteln, wie z. B. Milch-, Ei-, Soja-, Nuss-, Fisch- und  Krustentierproteine. Auch Proteine aus Getreide wie Weizen, Roggen und Gerste sind häufige Allergene. Lebensmittelzusatzstoffe, wie Konservierungsmittel, Farbstoffe und Aromen, können bei manchen Menschen ebenfalls allergische Reaktionen hervorrufen. Allergische Reaktionen können von einfachen Hautausschlägen bis hin zu schwereren Reaktionen wie Anaphylaxie reichen, die potenziell lebensbedrohlich sein kann. Menschen mit Nahrungsmittelallergien sollten sehr genau auf die Zusammensetzung der

Nahrungsmittel achten, die sie zu sich nehmen, und Nahrungsmittel meiden, die bekannte Allergene enthalten.

Eine Nahrungsmittelallergie ist eine übertriebene Immunreaktion auf ein bestimmtes Nahrungsmittelprotein, während eine Nahrungsmittelunverträglichkeit eine Stoffwechsel- oder Enzymreaktion auf einen bestimmten Nahrungsmittelbestandteil ist. Wenn eine Person gegen ein Nahrungsmittel allergisch ist, reagiert ihr Immunsystem übermäßig auf bestimmte Proteine, die in diesem Nahrungsmittel enthalten sind. Als Reaktion auf diese Proteine werden Antikörper gebildet, die als Immunglobulin E (IgE) bezeichnet werden. Wenn die Person dieses Nahrungsmittel erneut zu sich nimmt, bindet das IgE an Zellen, die Mastzellen genannt werden, und löst diese aus. Dadurch werden chemische Substanzen wie Histamin freigesetzt, die Symptome wie Entzündungen, Hautausschläge, Erbrechen, Durchfall, Atembeschwerden und sogar Anaphylaxie verursachen. Dieser Prozess kann schnell nach dem Verzehr von Nahrungsmitteln mit Allergenen eintreten, was allergische Reaktionen potenziell schwerwiegend macht, während die Symptome einer Nahrungsmittelunverträglichkeit Bauchschmerzen, Blähungen und häufigen Stuhlgang umfassen können. Es ist wichtig zu beachten, dass Nahrungsmittelallergien schwerwiegend und potenziell lebensbedrohlich sein können, während Nahrungsmittelunverträglichkeiten in der Regel weniger schwerwiegend sind, aber dennoch zu Behinderungen führen.

Es gibt mehrere Beispiele für Nahrungsmittelunverträglichkeiten, aber eine der häufigsten ist die Laktoseintoleranz. Laktose ist ein Zucker, der in Milch und Milchprodukten vorkommt, und manche Menschen haben einen Mangel an Laktase, dem Enzym, das für die Verdauung von Laktose verantwortlich ist. Zu den Symptomen einer Laktoseintoleranz können Bauchschmerzen, Durchfall und Blähungen nach dem Verzehr von Milchprodukten gehören. Menschen mit Laktoseintoleranz können ihren Zustand oft in den Griff bekommen, indem sie auf Milchprodukte verzichten oder laktosefreie Milchersatzprodukte verwenden.

Gluten ist eine Art von Protein, das in Getreide wie Weizen, Gerste und Roggen vorkommt. Es wird verwendet, um Lebensmitteln Textur und Struktur zu verleihen. Menschen mit Zöliakie, einer Glutenunverträglichkeit, können dieses Protein nicht verdauen, was zu Symptomen wie Bauchschmerzen, Durchfall und Nährstoffmangel führen kann. Menschen mit dieser Krankheit müssen eine glutenfreie Diät einhalten, um ihre Symptome in den Griff zu bekommen. Es ist auch wichtig zu beachten, dass es eine Modeerscheinung gibt, sich auch ohne Intoleranz glutenfrei zu ernähren. Dies ist jedoch Gegenstand von Diskussionen, da es zu Nährstoffmängeln führen kann.

Die genauen Ursachen von Nahrungsmittelallergien sind noch nicht vollständig geklärt, es wird jedoch vermutet, dass sie mit einer Kombination aus genetischen und umweltbedingten Faktoren zusammenhängen. Veränderungen des Lebensstils und der Ernährungsgewohnheiten, wie der vermehrte Einsatz von verarbeiteten Lebensmitteln und der Rückgang des Stillens, wurden ebenfalls mit dem Anstieg der Häufigkeit von Nahrungsmittelallergien in Verbindung gebracht.

Es wurde festgestellt, dass es einen Zusammenhang zwischen dem Leben in der Stadt und der Zunahme von Allergien gibt. Faktoren des Stadtlebens wie Luftverschmutzung, Bevölkerungsdichte, schlechte Raumluftqualität und die Nähe von Gebäuden und Straßen können zu einer Zunahme von Allergien beitragen. Das Leben in der Stadt kann dazu führen, dass man nicht ausreichend mit natürlichen Mikroorganismen in Kontakt kommt, die dabei helfen, das Immunsystem zu stärken. Menschen, die in städtischen Gebieten leben, sind oft einer saubereren und sterileren Umwelt ausgesetzt, was zu einer Zunahme von Allergien und Autoimmunerkrankungen führen kann. Dies kann daran liegen, dass das Immunsystem durch die natürlichen Mikroorganismen in der ländlichen Umgebung nicht auf die gleiche Weise stimuliert wird, was zu einer abnormalen Reaktion führen kann, wenn das Immunsystem Allergenen ausgesetzt ist. Es wurde nachgewiesen, dass Kinder, die in ländlichen Gebieten leben, ein geringeres Risiko für Allergien und Asthma haben als Kinder, die in städtischen Gebieten leben. Studien zeigen auch, dass ein früher Kontakt mit natürlichen Mikroorganismen in der Umwelt dazu beitragen kann, Allergien und Autoimmunerkrankungen zu verhindern. Das Leben in der Stadt kann auch Stress erhöhen, was ebenfalls zu einer Zunahme von Allergien beitragen kann.

Lebensmittelallergene stellen eine Herausforderung für die Industrie dar, da sie auf unterschiedliche Weise in Lebensmitteln enthalten sein können. Sie können absichtlich als Zutaten hinzugefügt werden oder sie können zufällig aufgrund von Kreuzkontamination während der Produktion, des Transports oder der Lagerung vorhanden sein. Um eine Kreuzkontamination zu vermeiden, müssen die Hersteller Verfahren zur Trennung der Warenströme einführen, um sicherzustellen, dass Lebensmittel, die Allergene enthalten, nicht mit Lebensmitteln in Berührung kommen, die diese nicht enthalten. Dies kann die Verwendung unterschiedlicher Produktionsanlagen, Lagerorte und Reinigungsprozesse beinhalten. Industrielle müssen sich auch der potenziellen Allergene in den von ihnen verwendeten Zutaten bewusst sein und sollten die Lieferanten überwachen, um sicherzustellen, dass sie geeignete Maßnahmen zur Vermeidung von Kreuzkontaminationen ergreifen. Außerdem ist es für die Industrie wichtig, die Verbraucher über das Vorhandensein von Allergenen in den von ihnen hergestellten Lebensmitteln zu informieren und klare Informationen auf den Etiketten bereitzustellen.

Für Menschen mit Lebensmittelallergien ist es von entscheidender Bedeutung, dass sie Lebensmittel, die eine Reaktion hervorrufen, erkennen und meiden können. Klare und genaue Lebensmitteletiketten sind wichtig, um den Verbrauchern zu helfen, informierte Entscheidungen darüber zu treffen, was sie kaufen und essen. Es werden Anstrengungen unternommen, um das Bewusstsein für Lebensmittelallergien zu schärfen und Lebensmittel für die Betroffenen sicherer zu machen, einschließlich der Einführung von Standards für den Umgang mit Allergenen in Gastronomiebetrieben.

Es ist auch wichtig zu betonen, dass Lebensmittelallergien erhebliche wirtschaftliche Folgen haben, die von Produktivitätsverlusten aufgrund von Fehltagen der betroffenen Mitarbeiter bis hin zu den Kosten für die Gesundheitsfürsorge der Betroffenen reichen. Regierungen, Unternehmen und Organisationen der Zivilgesellschaft müssen zusammenarbeiten, um Lösungen für Menschen zu finden, die an Nahrungsmittelallergien leiden, und um das Auftreten von Nahrungsmittelallergien bei gefährdeten Bevölkerungsgruppen zu verhindern.

Es ist leider fast sicher, dass die Zahl der Menschen, die an Nahrungsmittelallergien leiden, in den kommenden Jahren stark ansteigen wird. Experten gehen davon aus, dass dies auf mehrere Faktoren zurückzuführen sein könnte, wie z. B. den verstärkten Einsatz von Pestiziden und Chemikalien in der Landwirtschaft, veränderte Ernährungsgewohnheiten und Konsumtrends sowie Veränderungen in den Methoden der Lebensmittelproduktion.

Epilog:

Überlegungen zu den Lehren aus der Geschichte und dazu, wie wichtig es ist, weiterhin in die Lebensmittelsicherheit zu investieren, um die Gesundheit aller Verbraucher zu schützen.

Im Laufe der Jahrhunderte hat uns die Geschichte gelehrt, dass die Lebensmittelsicherheit ein entscheidendes Thema für die öffentliche Gesundheit und das Wohlergehen aller Verbraucher ist. Die ersten Gesellschaften begannen, die Ernährungspraktiken zu regulieren, um die Verbraucher vor verdorbenen oder betrügerischen Produkten zu schützen, wissenschaftliche Fortschritte im 19. Jahrhundert führten zum Verständnis ernährungsbedingter Krankheiten und zur Entwicklung von Methoden, um ihre Ausbreitung zu verhindern. Die Lebensmittelkrisen im 20. Jahrhundert haben die Schwachstellen der Lebensmittelsysteme aufgedeckt und zur Einführung strengerer Standards geführt.

Heute werden Informations- und Kommunikationstechnologien, Rückverfolgbarkeitssysteme und internationale Vorschriften genutzt, um die Lebensmittelsicherheit zu verbessern. Die Herausforderungen des Klimawandels, des Bevölkerungswachstums und der Globalisierung stellen die Gewährleistung der Lebensmittelsicherheit auch weiterhin vor große Herausforderungen.

Daher ist es wichtig, weiterhin in die Lebensmittelsicherheit zu investieren, um die Gesundheit aller Verbraucher zu schützen, indem wirksame Überwachungssysteme entwickelt, nachhaltige Technologien eingesetzt und geeignete Vorschriften eingeführt werden. Investitionen in Forschung und Entwicklung zur Verbesserung der Nahrungsmittelproduktion sowie des Zugangs zu einer angemessenen Ernährung für alle sind ebenfalls von entscheidender Bedeutung.

Von der Bedeutung einer engen Zusammenarbeit entlang der gesamten Lebensmittelversorgungskette

Die Lebensmittelsicherheit ist ein Bereich, der alle Akteure in der Lebensmittelversorgungskette betrifft, von den Produzenten bis hin zu den Verbrauchern. Jeder dieser Akteure hat eine Rolle zu spielen, wenn es darum geht, die Sicherheit der Lebensmittel zu gewährleisten, die sie herstellen oder vertreiben. Daher ist es von entscheidender Bedeutung, dass alle Akteure der Lieferkette zusammenarbeiten, um dieses Ziel zu erreichen.

Das bedeutet, dass es keinen Wettbewerb zwischen den verschiedenen Akteuren geben sollte, sondern vielmehr eine Zusammenarbeit, um ein gemeinsames Ziel zu erreichen, das darin besteht, die Lebensmittelsicherheit für alle Verbraucher zu gewährleisten.

Dies kann durch den Austausch von Informationen und Daten über potenzielle Risiken, die Einrichtung effizienter Rückverfolgbarkeitssysteme und die Zusammenarbeit bei der Entwicklung von Standards und Vorschriften, die die Lebensmittelsicherheit gewährleisten, erreicht werden.

Aus diesem Grund müssen die verschiedenen Akteure der Lebensmittelversorgungskette, Regierungen, Unternehmen, NGOs und andere Akteure zusammenarbeiten, um die aktuellen und zukünftigen Herausforderungen der Lebensmittelsicherheit zu bewältigen.

Die Ernährungssicherheit ist ein entscheidender Aspekt der Gesundheit und des Wohlbefindens von Einzelpersonen und Gemeinschaften. Sie trägt zur Lebenserwartung bei, indem sie den Zugang zu gesunden und nährstoffreichen Lebensmitteln sicherstellt und so ernährungsbedingten Krankheiten vorbeugt. Gesunde Ernährungsweisen, die reich an Obst, Gemüse, Vollkornprodukten und magerem Eiweiß sind, können das Risiko chronischer Krankheiten wie Herzerkrankungen, Diabetes und bestimmter Krebsarten senken. Darüber hinaus kann

Ernährungssicherheit auch dazu beitragen, den Ernährungszustand von Kindern zu verbessern, der für ihr Wachstum und ihre Entwicklung von entscheidender Bedeutung ist. In den Entwicklungsländern kann die Ernährungssicherheit auch eine Schlüsselrolle bei der Bekämpfung von Unterernährung spielen, die ein Hauptfaktor für Kindersterblichkeit und Morbidität ist.

Alles in allem ist die Ernährungssicherheit ein wichtiges Thema, das sich im Laufe der Jahrhunderte entwickelt hat und auch in Zukunft weiterentwickeln wird, um die Gesundheit aller Verbraucher zu schützen. Es ist wichtig, weiterhin zu investieren, um die aktuellen und zukünftigen Herausforderungen zu meistern und die Ernährungssicherheit für alle zu gewährleisten.

Copyright © 2023

Alle Rechte sind vorbehalten. Kein Teil dieser Publikation darf ohne vorherige schriftliche Genehmigung des Herausgebers in irgendeiner Form oder mit irgendwelchen Mitteln, einschließlich Fotokopien, Aufnahmen oder anderen elektronischen oder mechanischen Verfahren, vervielfältigt, verbreitet oder übertragen werden, außer für kurze Zitate, die in Rezensionen aufgenommen werden, und bestimmte andere nichtkommerzielle Verwendungen, die nach dem Urheberrechtsgesetz zulässig sind. Alle Verweise auf historische Ereignisse, reale Personen oder reale Orte können echt sein oder fiktiv verwendet werden, um die Anonymität zu wahren. Namen, Personen und Orte können der Fantasie des Autors entspringen.

www.ingramcontent.com/pod-product-compliance
Lightning Source LLC
Chambersburg PA
CBHW070319220526
45465CB00013B/1365